院士解较中国科技

水利卷

王 浩 主笔

小小水滴办大事

主编单位：中国编辑学会 中国科普作家协会

中国少年儿童新闻出版总社
中国少年儿童出版社
北京

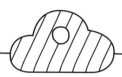

图书在版编目（CIP）数据

小小水滴办大事 / 王浩主笔. -- 北京 : 中国少年
儿童出版社，2023.12
（院士解锁中国科技）
ISBN 978-7-5148-8501-9

Ⅰ．①小… Ⅱ．①王… Ⅲ．①水利工程－中国－少儿
读物 Ⅳ．①TV-49

中国国家版本馆CIP数据核字(2023)第240038号

XIAO XIAO SHUIDI BAN DASHI
（院士解锁中国科技）

出版发行：	中国少年儿童新闻出版总社 中国少年儿童出版社
执行出版人：	张晓楠

责任编辑：	韩春艳	王志宏	包萧红		封面设计：	许文会	
	李心泊	李海艳	王 燕		版式设计：	施元春	
美术编辑：	任 伟	朱 曦	施元春	马 欣	形象设计：	冯衍妍	
	孙美玲	邬彩文	王富宾		特约编辑：	邹 贞	
插 图：	任 嘉	王通通	王华文		责任校对：	杨 雪	
	崔占成	牟悠然	郭驿青		责任印务：	李 洋	

社 址：	北京市朝阳区建国门外大街丙12号	邮政编码：	100022
编辑部：	010-57526809	总编室：	010-57526070
发行部：	010-57526258	官方网址：	www.ccppg.cn

印刷：北京利丰雅高长城印刷有限公司

开本：720mm×1000mm 1/16	印张：9.5
版次：2023年12月第1版	印次：2023年12月第1次印刷
字数：200千字	印数：1－5000册

ISBN 978-7-5148-8501-9 　　　　　　　　　　定价：67.00元

图书出版质量投诉电话：010-57526069　电子邮箱：cbzlts@ccppg.com.cn

"院士解锁中国科技"丛书编委会

本书创作团队

主 笔

王 浩

创作团队

（按姓氏笔画排列）

王 佳　王 超　王玉杰　王燕云　牛存稳　仇亚琴　龙爱华　吕 娟

吕育锋　邬晓梅　刘 毅　刘海滢　刘家宏　杜军凯　李佳鸿　李海辰

杨泽凡　何秉顺　张 沛　张 爽　张双虎　张丽丽　张幸幸　张宝忠

张晓明　张晓涛　陈豪杰　庞 宁　赵 勇　郝春沣　胡 晶　胡 鹏

贾 玲　夏世法　殷小琳　梅 超　常奂宇

"院士解锁中国科技"丛书编辑团队

项目组组长

缪 惟　郑立新

专项组组长

胡纯琦

文稿审读

何强伟　陈 博　李 橦　李晓平　王仁芳　王志宏

美术监理

许文会　高 煜　徐经纬　施元春

丛书编辑

（按姓氏笔画排列）

于歆洋　万 顿　马 欣　王 燕　王小鲲　王仁芳　王志宏　王富宾　尹 丽　叶 丹

包萧红　冯衍妍　朱 曦　朱国兴　朱莉荟　任 伟　邬彩文　刘 浩　许文会　孙 彦

孙美玲　李 伟　李 华　李 萌　李 源　李 橦　李心泊　李晓平　李海艳　李慧远

杨 靓　杨 蒙　余 晋　张 颖　张 璐　张颖芳　陈亚南　罗 蔚　金银銮　柯 超

施元春　祝 薇　秦 静　徐经纬　徐懿如　殷 亮　高 煜　曹 靓　曹 媛　彭 琳

韩春艳　赫惠倩

前　言

　　"院士解锁中国科技"丛书是一套由院士牵头创作的少儿科普图书，每卷均由一位或几位中国科学院、中国工程院的院士主笔，每位都是各自领域的佼佼者、领军人物。这么多院士济济一堂，亲力亲为，为少年儿童科普作品担纲写作，确为中国科普界、出版界罕见的盛举！

　　参与这套丛书领衔主笔的诸位院士表达了让人不能不感动的一个心愿：要通过这套科普图书，把科技强国的种子，播撒到广大少年儿童的心田，希望他们成长为伟大祖国相关科学领域的、继往开来的、一代又一代的科学家与工程技术专家。

　　主持编写这套丛书的中国少年儿童新闻出版总社是很有眼光、很有魄力的。在这些年我国少儿科普主题图书出版已经很有成绩、很有积累的基础上，他们策划设计了这套集约化、规模化地介绍推广我国顶级高端、原创性、引领性科技成果的大型科普丛书，践行了习近平总书记关于"科技创新、科学普及是实现创新发展的两翼，要把科学普及放在与科技创新同等重要的位置"的重要思想，贯彻了党的二十大关于"教育强国、科技强国、人才强国"的战略要求，将全民阅读与科学普及相结合，用心良苦，投入显著，其作用和价值都让人充满信心。

　　这套丛书不仅内容高端、前瞻，而且在图文编排上注意了从问题入手和兴趣导向，以生动的语言讲述了相关领域的科普知识，充分照顾到了少年儿童的阅读心理特征，向少年儿童呈现我国科技事业的辉煌和亮点，弘扬科学家精神，阐释科技对于国家未来发展的贡献和意义，有力地服务于少年儿童的科学启蒙，激励他们树立逐梦科技、从我做起的雄心壮志。

院士团队与编辑团队高质量合作也是这套高新科技内容少儿科普图书的亮点之一。中国少年儿童新闻出版总社集全社之力，组织了 6 个出版中心的 50 多位文、美编辑参与了这套丛书的编辑工作。编辑团队对文稿设计的匠心独运，对内容编排的逻辑追溯，对文稿加工的科学规范，对图文融合的艺术灵感，每每都能让人拍案叫绝，产生一种"意料之外、情理之中"的获得感。

丛书在编写创作的过程中，专门向一些中小学校的同学收集了调查问卷，得到了很多热心人士的大力帮助，在此，也向他们表示衷心的感谢！

相信并祝福这套大型系列科普图书，成为我国少儿主题出版图书进入新时代的一个重要的标本，成为院士亲力亲为培养小小科学家、小小工程师的一套呕心沥血的示范作品，成为服务我国广大少年儿童放飞科学梦想、创造民族辉煌的一部传世精品。

郝振省

中国编辑学会会长

前　言

科技关乎国运，科普关乎未来。

一个国家只有拥有强大的自主创新能力，才能在激烈的国际竞争中把握先机、赢得主动。当今中国比过去任何时候都需要强大的科技创新力量，这离不开科学家创新精神的支撑。加强科普作品创作，持续提升科普作品原创能力，聚焦"四个面向"创作优秀科普作品，是每个科技工作者的责任。

科普读物涵盖科学知识、科学方法、科学精神三个方面。"院士解锁中国科技"丛书是一套由众多院士团队专为少年儿童打造的科普读物，站位更高，以为中国科学事业培养未来的"接班人"为出发点，不仅让孩子们了解中国科技发展的重要成果，对科学产生直观的印象，感知"科技兴则民族兴，科技强则国家强"，而且帮助孩子们从中汲取营养，激发创造力与想象力，唤起科学梦想，掌握科学原理，建构科学逻辑，从小立志，赋能成长。

这套丛书的创作宗旨紧跟国家科技创新的步伐，遵循"知识性、故事性、趣味性、前沿性"，依托权威专业、阵容强大的院士团队，尊重科学精神，内容细化精确，聚焦中国科学家精神和中国重大科技成就。在创作中，院士团队遵循儿童本位原则，既确保了科学知识内容准确，又充分考虑了少年儿童的理解能力、认知水平和审美需求，深度挖掘科普资源，做到通俗易懂。丛书通过一个个生动的故事，充分体现出中国科学家追求真理、解放思想、勤于思辨的求实精神，是中国科学家将爱国精神与科学精神融为一体的生动写照。

　　为确保丛书适合少年儿童阅读，院士团队与编辑团队通力合作。在创作过程中，每篇文章都以问题形式导入，用孩子们能够理解的语言进行表达，让晦涩的知识点深入浅出，生动凸显系列重大科技成果背后的中国科学家故事与科学家精神。同时，这套丛书图文并茂，美术作品与文本相辅相成，充分发挥美术作品对科普知识的诠释作用，突出体现美术设计的科学性、童趣性、艺术性。

　　面对百年未有之大变局，我们要交出一份无愧于新时代的答卷。科学家可以通过科普图书与少年儿童进行交流，实现大手拉小手，培养少年儿童学科学、爱科学的兴趣，弘扬自立自强、不断探索的科学精神，传承攻坚克难的责任担当。少儿科普图书的创作应该潜心打造少年儿童爱看易懂的科普内容，着力少年儿童的科学启蒙，推动其科学素养全面提升，成就国家未来创新科技发展的高峰。

　　衷心期待这套丛书能够获得广大少年儿童朋友的喜爱。

中国科学院院士
中国科普作家协会理事长

写在前面的话

　　水是生命的源泉。从微小的单细胞生物到宏大的生态系统，从蜿蜒的河流到浩瀚的海洋，水以它温柔、坚韧、包容的特质，塑造了地球的面貌。当我们仰望星空，寻找外星生命的踪迹时，首先要寻找的也是水的痕迹。

　　水是人类生活、生产活动和生态环境中不可或缺的宝贵资源。不仅工业、农业的发展要靠水，水更是城市发展、人民生活的生命线，正是因为水，我们的星球才焕发着勃勃生机。

　　了解水、认识水、利用水，是人类生存和发展的必需。水利就是采取各种措施，对自然界的水和水域进行控制和调配，以防治水旱灾害，开发利用和保护水资源。水利事业随着社会生产力的发展而不断发展，是人类社会文明进步和经济发展的重要支柱。

　　经济越发展，对水资源的需求就越大，越容易出现水问题。1972年，联合国第一次人类环境会议就曾发出"水将导致严重的社会危机"的警告。水资源时空分布不均、总量大、人均少、与生产力布局不相匹配是我国的基本水情。因此，探寻水资源可持续利用的方法，采取更有效的措施保护水资源，设计和建造保民生、促发展、强科技的水利工程是我国水利事业的重心。

本书中的 17 个问题正是在这样的背景下应运而生的，它们是中国在面临严重的水资源挑战时的解决方案。你想知道都有哪些吗？

　　地球上的水会被用完吗？人类的用水行为是如何改变自然水循环过程的？我们如何实现与水和谐共生？

　　黄河水是怎么变黄的？特殊的自然地理和地质条件导致的泥沙问题，我们采取了哪些措施，使得浑浊的黄河水变得清澈？

　　北方人是怎么喝到长江水的？被誉为世界奇迹的"南水北调"工程攻克了哪些世界难题，解决了中国水资源分布不均的缺水困境？

　　人类会像河狸一样不停地修筑大坝吗？从密云水库大坝、新安江大坝到三峡大坝、白鹤滩大坝……中国的"大坝天团"是如何形成的？未来将面临什么挑战？

　　小小"水精灵"是如何走进千家万户的？如何保证广大农村地区的饮用水安全问题？

　　除此，还有山洪来了怎么办？如何让水发更多的电？怎么解决城市内涝的问题？……

　　这些问题在这本书里都能找到答案。

　　这本书将让我们初步了解水利科学的面貌，理解为什么说水利科学关系到国计民生，带领我们认识推动中国水利事业腾飞的水利科学家——在他们身上，你能懂得什么是刚毅坚卓、自强不息、与时俱进的精神力量，从他们的故事中，或许你能找到关于自己未来成长的答案。

中国工程院院士

逗逗变变变!

快跟着逗波，一起去神奇的水世界看看吧！

"春雨惊春清谷天,夏满芒夏暑相连。秋处露秋寒霜降,冬雪雪冬小大寒。"你知道二十四节气歌中的春雨、秋霜、冬雪都来自哪里吗?

"黄河之水天上来,奔流到海不复回。"你是否想过,黄河水为什么能够奔流不息?它源源不断地汇入大海,海水为什么没有溢出来呢?

还有,历经数百年的古井为什么仍有水?难道它们是取之不尽、用之不竭的吗?

为什么我国南方某些地区的一些河流和湖泊,会像"幽灵"一样神秘地出现或消失?

是谁在和人类玩捉迷藏的游戏?

其实,这一切都是自然水循环在"变戏法"。

地球上的水不断地在液态、固态和气态这三种形态之间转换,演绎出千变万化的自然现象。这一切都是由太阳辐射和地球引力"导演"的。

在太阳的照射下，大量的水从江河湖海、土壤岩隙或是植物的茎叶表面蒸发成水蒸气，进入大气圈。当这些水蒸气遇到冷空气时，它们会霎时凝结成小水滴。小水滴不断碰撞，合并成大水滴。当它们的质量足够大时，就会在地球引力的作用下，以雨、雪、冰、霜的形式重返大地。

这些降水到达地球表面，一部分渗入大地深处，形成地下水；一部分则在陆地表面形成沟流，汇入江河湖泊后再流入大海；还有一部分会再次被蒸发至大气圈。这就是众多河流归入大海，但海洋的水量能够保持平衡的原因。

小贴士

地球上更新速度最快的水体是大气水，循环更新 1 次只需 8.2 天；其次为河流水，更新周期约为 16 天。深层地下水的更新周期最长可达 1400 年。

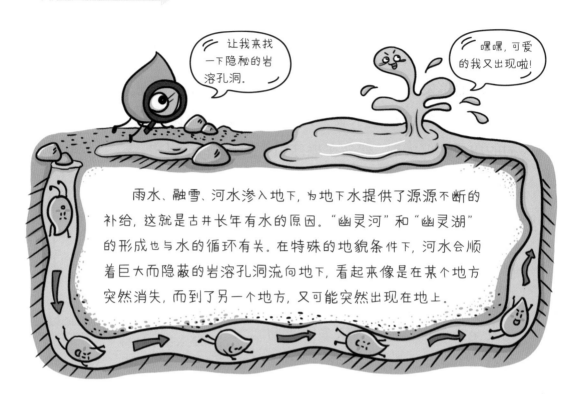

水的"变身表演"数亿年如一日，从未停歇，它演绎了雨雪冰霜，成就了江河溪流，涵养了地下水源，也哺育了地球上的生命。

然而，自然水循环并非永远"情绪稳定"。由于降水在空间上分布不均，而且时间上也有变化，这使得水循环在时空上出现不均衡的现象。某个地区可能会在短时间内遭受突如其来的暴雨侵袭，引发洪水，而另一个地区，可能降雨稀少，正在经历持续干旱。

因此，认识自然水循环的规律成为我们面临的重要任务。而我国著名的水文学家刘昌明院士便是这方面的高手。

在 20 世纪 70 年代末，刘昌明院士曾接下一项艰巨的任务——为我国西北地区的小流域制定一套预测洪峰流量的公式。

预测洪峰流量的公式有什么用？

当时，国家正准备在西北地区修建铁路，修建前必须先弄清楚当地可能会发生多大的洪水，因为这关系到支撑铁路的桥梁、涵洞等的尺寸和结构。

然而，当时西北地区的水文数据少得可怜，根本无法构建一个模型来模拟当地的水循环过程。在缺乏资料的地区进行水文研究，可以说是世界性难题。

但刘昌明院士并没有被吓倒，他带领团队，肩扛沉重的测量仪器，怀揣着记录本，开始了探索之旅。

小贴士

水文数据是关于水的各种信息，它可以帮助我们了解一个地方的水资源情况。比如，某个地方有多少条河，河里有多少水流动，地下多深处有水，降雨量最大可达多少毫米等。

开始我们的探索之旅吧！

他们翻越黄土高原的崎岖山峦，穿越浩瀚无垠的戈壁沙漠，甚至攀登上海拔4000米的雪域高原。

在没有计算机的年代，这个"战斗组"凭借着计算尺，将西北地区水资源情况算得清清楚楚。经过七八年的努力，他们终于得出科学又可靠的计算方法。这个计算方法在铁路设计中发挥了关键作用。

在广袤的中国大地，水资源犹如宝石一样珍贵。刘昌明院士深知水的重要性，他坚信，只要掌握了水的循环规律，任何类型的水都有其用武之地。

20世纪80年代，我国重要的粮食产区华北平原水资源告急。华

小贴士

我国人均水资源量为2200立方米，是全球水资源量最贫乏的国家之一，仅为世界平均水平的四分之一，而处于华北平原的河北省，人均水资源量仅为300立方米，约为全国平均水平的七分之一。

北平原原本就水资源不足，然而当地灌溉农田仍采用大水漫灌的方式，从而加剧了水资源危机。那时，华北地区的地下水已经严重超采，地下水位急剧下降，大片的湿地消失，甚至出现了地裂。

刘昌明院士再次肩负使命，带领团队投身于华北平原的农业水文水资源研究。

他每天都在田间地头琢磨不同形式的水是如何相互转化的。一年365天，他几乎工作360天。

他发现"四水转化"——大气水、地表水、地下水和土壤水的循环转化过程是水资源的核心。

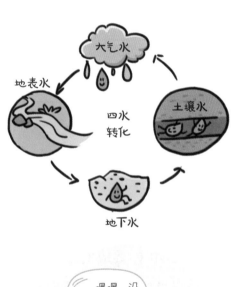

他的目光又不仅止于此。他还进一步发现，土壤的储水能力非常强，是植物吸收的水分的主要来源，如果对土壤水进行深入研究，则有可能节省大量水资源！

另外，植物的蒸腾作用会消耗大量的水，通过研究水在土壤和植物体内是如何转化的，可以精确地计算出每一种农作物浇多少水能够获得最高产，从而避免水资源的浪费。

据此，刘昌明院士将"四水转化"升级成了"五水转化"，即大气水、地表水、土壤水、地下水及生物水这五类水的循环转化。在这种理论下形成的节水技术，几年间就在华北平原累计节水上亿立方米，极大地缓解了当地的水危机。

作为一名专注于探索水的"变身术"的科学家，刘昌明院士让我们明白，要应对未来可能出现的水危机，不仅要科学地利用那些看得见的水，还要看向那些我们以往忽视的水，比如藏在土壤和植物体内的水。

同学们，你们有什么好主意来追踪这些不易察觉的水循环吗？水的"变身术"中藏着许多奥秘，就像一个巨大的宝藏！让我们开启奇妙的"寻宝"之旅吧！

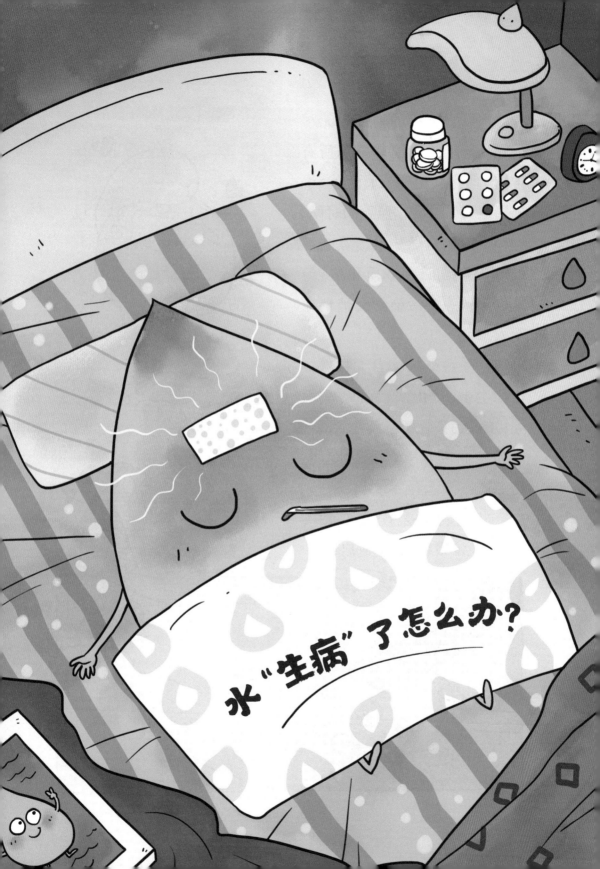

水以它宽广的胸怀和无尽的温柔，照顾着地球上的所有生物。但你知道吗？水也会"生病"，也有需要我们照顾的时候。

作为大自然中的"万能溶剂"，水能与许多物质相溶，但这也导致一些污染物会悄悄地侵入水中。

有些污染物来自大自然，比如尘土、火山灰、泥沙、酸雨等；有些污染物源自人类活动，比如工业废水、生活污水、农药等。

当这些"入侵者"进入水中，水的"免疫系统"会迅速启动。

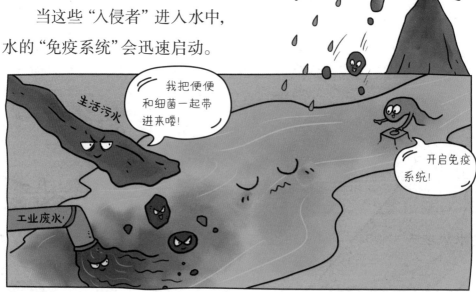

没错，水拥有惊人的自我净化能力！就像人类的免疫系统能对抗病菌一样，水的自我净化能力也能够分解和消除污染物。

当污染物进入水中，较重的物质会在水流缓慢的地方沉入水底，较轻的则漂浮在水面上。随后，微生物和藻类登场，它们联手出击，将这些污染物一一分解。这样一来，水中污染物的浓度就降低了，一些污染物甚至会变成无害的物质。经过一段时间，水又会重新恢复健康！

我是水资源的清洁工！

不过，水的自我净化过程需要很长时间。而且，污染物的数量一旦超出水的净化极限，水就会永久地失去健康和活力。

小贴士

世界卫生组织发现，全球每 10 个人中就有 3 个人饮用的水不符合安全标准。而全世界 80% 的疾病、33% 的死亡、50% 的儿童死亡都与饮用水水质不良有关。

水"生病"了怎么办？

就像我们生病了需要去看医生一样，水"生病"了也需要找"医生"来帮忙。而这些"医生"就是治理水污染的科学家们。

你看起来病得不轻啊！

在我国，有一位为水治"病"的"神医"，他就是曲久辉院士。

有一次，曲久辉院士和他的团队遇到一个棘手的问题：一起严重的砷污染事件袭击了河南商丘的大沙河，导致100多千米河段里的河水变成了可怕的"毒水"。

嘿嘿，悄悄地我来了！

砷

或许你对砷很陌生，但它的一个化合物你可能听说过——砒霜。砒霜是一种剧毒物质，对人体危害极大。

更可怕的是，被砷污染后的水源，无论是颜色、气味还是口感都不会发生明显改变，因此砷污染很难被及时发现。

曲久辉院士和他的团队临危受命，他们仅用了三天时间，就提出了治理大沙河流域砷污染的详细方案。

一个月后，曲久辉院士和他的团队成功地让被污染的大沙河恢复了"健康"！如此大规模的砷污染治理，无论是在国内还是国外都是第一次。

砷污染是怎么被治理的呢？

靠的是一种新型"药方"，这种"药方"可以同时去除水中的三价砷和五价砷，而这正是治理砷污染的技术瓶颈。

砷在水中有两种形态，一种是三价砷(As^{+3})，一种是五价砷(As^{+5})。三价砷的毒性强，溶解速度慢；五价砷的毒性相对弱些，溶解速度快。

在消除水中的砷时，对付五价砷很容易，但对付三价砷就比较麻烦，必须先将三价砷转化成五价砷才行。然而，三价砷和五价砷经常互相转换，同时消除很难。这是一个令全球科学家都感到头疼的问题。

你，变身！

你命令我？

三价砷

五价砷

胆子真大！

哼！我还有撒手锏。

啊，三价砷居然变成我们五价砷了！

嘿嘿，不过我也能变成三价砷！

13

所有的成功都不是一朝一夕的事情。

早在十年前，曲久辉院士就开始研究同时去除三价砷和五价砷的方法了。他带领团队不断探索研究，发现了一种特别的氧化物——铁锰复合氧化物，这种氧化物可以迅速地将三价砷转化为五价砷。这次正好派上了用场。

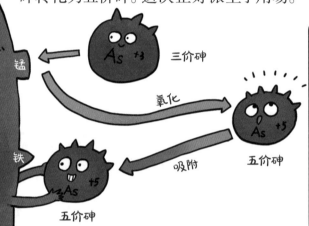

三价砷

氧化

五价砷

吸附

铁

五价砷

铁锰复合氧化物材料表面

小贴士

铁锰复合氧化物是一种神奇的催化剂，能够加速化学反应。在水中，铁锰复合氧化物能够吸附有害物质，并将它们转化为无害的物质。因此，铁锰复合氧化物经常用来净化水源。

更难能可贵的是，这种新材料成本低廉，无毒无害，可以推广到那些深受砷污染困扰的贫困地区。

曲久辉院士还有一项重要的发明，那就是解决了全球自来水厂所面临的重大问题——消除氯气在消毒过程中产生的有毒副产物。

我们喝的水，大多是通过自来水厂净化才到达我们杯中的，需要经过许多道工艺。

首先，要过滤掉水中颗粒较大的杂质。接着，加入絮凝剂，让水中未被过滤掉的杂质变成絮状的沉淀物，这样在经过过滤池时它们就会被过滤掉。

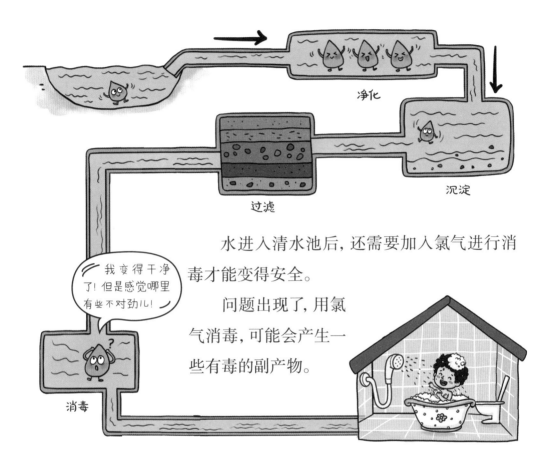

净化

过滤

沉淀

水进入清水池后，还需要加入氯气进行消毒才能变得安全。

问题出现了，用氯气消毒，可能会产生一些有毒的副产物。

我变得干净了！但是感觉哪里有些不对劲儿！

消毒

怎么办呢?

曲久辉院士和他的团队又研制出了一种"神药"——一种高Al_{13}（铝）含量的聚合氯化铝。这种"神药"可以在氯气和有机物质反应之前，先和这些有机物质进行一个"亲密接触"，这样一来，有毒的副产物就减少啦！

听着可能比较轻松，可是你知道吗，为了制作这种"神药"，曲院士和他的团队发明了很多项核心技术，他们甚至在北京开了一家专门生产Al_{13}的工厂。这也是全球首创！

小贴士

Al_{13}常用来做混凝剂,它具有强大的吸附能力,能使水中的悬浮物、胶体等物质凝聚成大颗粒。这些颗粒可以通过过滤器被去除,从而使水变得更加干净。

这还没完,为了消除自来水管道里的微生物、有机物和污染物,曲院士和他的团队还发明了一套安装在饮用水末端的控制系统,这个系统不但能深度净化自来水,还能时刻监控水质的变化。

2008 年北京奥运会时,这套系统被接入奥运村,使来自世界各地的运动健儿们喝上了中国制造的"直饮水"。

你一定在为曲久辉院士和他的团队拍手叫绝吧!

曲院士曾感慨:"曾经以为我已经爬过了几座小山,现在我才发现前面的山一座高过一座。"因为水质安全问题是一个不断更新的课题,总是有新问题出现。

同学们,你也想像曲久辉院士那样,成为一名为水"治病"的"医生"吗? 那么,让我们从发现隐藏在生活中的问题开始吧!试着打破砂锅问到底,去寻找答案!

地球上，海洋的面积比陆地的面积大得多，那么地球上的水是不是永远都用不完呢？

答案：是，又不是。

从自然水循环的角度来看，地球上的水从液体变成水蒸气，又变为雨雪冰霜，然后重新降回地面，如此循环往复，永远都不会被耗尽。但是从人类生存的角度看又不是这样。

什么水是人类可以直接取用的水呢？

尽管地球的表面约有四分之三的面积被水覆盖，但其中有97%的水是海水及其他咸水，这是人类和其他生物无法饮用的水。剩下3%的淡水中，有很大一部分储存在常年不化的冰川以及地下深处，只有一丁点儿存在于能够被人类直接取用的湖泊、河流和地下蓄水层中，总量不到1%。

海水 97%

淡水 3%

......

 气态水 0.04%

 湖泊、河流、沼泽水 0.299%

 地下水 30.1%

 冰川水 68.7%

浩瀚的海洋对于地球的生态系统来说意义非凡，但是咸水对于人类来说是不能直接饮用或使用的，人类真正需要的是淡水。因此，从生命延续的角度看，水又是有限的。

地球上的水是否会被用完，关键在于人类的用水行为。在人类出现之前，水循环的驱动力是太阳辐射和地球引力。人类出现后，水循环的动力发生了翻天覆地的变化。

随着一块块农田被开垦出来，一座座城市崛起，水不只在河流和湖泊中流淌，它们还在灌溉渠道、城市管道中疾驰。一些水，经过供水厂，走进千家万户，走进工厂车间，走进田间地头。使用完之后，它们又被排回河道，或经过污水处理厂获得新生。这就是"社会水循环"过程。

小贴士

海水中盐的浓度比人体细胞中盐的浓度要高得多。如果饮用海水，我们的肾脏需要不断工作，才能排出多余的盐分，这会给肾脏带来巨大的负担，甚至导致脱水死亡。

降水　蒸发

河流

供水厂

污水处理厂

海洋

社会水循环

地下水

新的问题又来了。传统的水循环理论主要研究自然水循环过程，无法解释人类加入后水循环的演变。

有没有什么办法，能把现实中我们观察到的、很大程度受人类影响的这种"自然—社会"水循环还原出来呢？水资源学专家王浩院士想。

从1999年起，王浩院士就频繁地往返于祖国大西北与北京之间，研究陕、甘、宁、青、新、内蒙古六省区水资源的合理配置问题。一年中，他至少有半年的时间都在路上。

经过几年的时间，王浩院士知道了那里每一个流域有多少地表水；有多少地下水；有多少水用于经济生产；有多少水必须留在河流湖泊里，作为流域的共同财产……

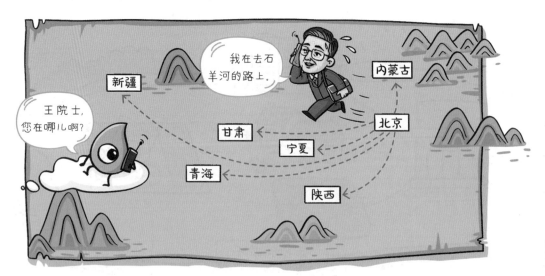

一次，他来到甘肃石羊河流域的青土湖。很久以前，这里还是一个面积约16000平方千米的大湖，但现在几乎干涸。为了生存，人们开始抽取地下水灌溉农田，于是地下水位从原来的半米深、一米深逐渐变成300米深。

王浩院士认识到，人类活动对水循环的干扰会导致生态系统退化，进而威胁到人类的生存。为了打破这个恶性循环，他与团队创立了"自然—社会"二元水循环理论，揭示了在自然和人类的双重影响下，真实的水循环是什么样子的。

那么，这个理论有什么用呢?

让我们再次跟随王浩院士的脚步，来到我国人类活动最频繁、缺水程度最严重、水问题最复杂的海河流域。

小贴士

海河是华北地区最大的水系，流经北京、天津、河北等地，它既是京津冀地区共同的母亲河，同时也与这一地区的经济发展和人民生活有着密不可分的关系。

海河流域人均水资源量仅为270立方米，远远低于国际公认的贫水国家标准线——人均水资源量1000立方米。

2006年，王浩院士带领团队成员来到海河，他们的首要任务是弄清海河的水都去哪儿了。

他们一遍又一遍地测量和推导数据，不断构建新的模型，最终描绘出一张"海河的水都去哪儿了"的蓝图。

海河还剩多少水？

海河还缺多少水？

海河流域的用水效率如何？

海河总共有多少水？

让我来解答这些问题。

经过调查，海河流域多年平均降水量是1712亿立方米，这些降水形成水资源370亿立方米。然而，这个地区每年的水资源需求量高达410亿立方米，因此每年需要从流域外引水超过40亿立方米。特别是在干旱年份，地下水的超采量高达80亿立方米。

这张蓝图，清晰地展示出海河流域的降水量、水资源量、用水需求以及地下水超采情况。

通过对海河流域水资源情况的"摸底",人类活动影响自然水循环的过程变得更加清晰了。

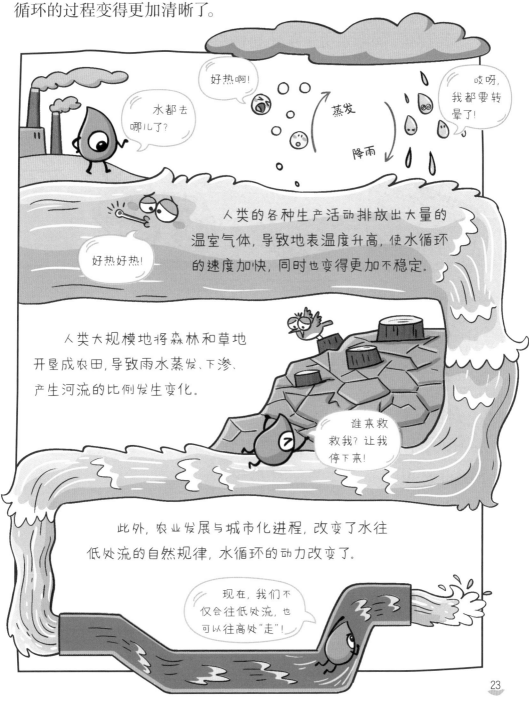

基于这些发现，王浩院士提出了缺水地区更高效的用水、节水模式和理论。他的成果获得国家科技进步奖一等奖。

2013年，国际水文十年计划将"变化中的水文科学与社会系统"确定为今后十年国际水文界的研究主题。

同学们，你了解我们所生活的这个美丽的"水球"吗？知道它现在所承受的挑战吗？如果你还不是那么了解，可以先从这样几个小问题开始思考：

我的家乡都有哪些河流或湖泊？它们总是清澈的吗？我所生活的地方缺水吗？河里的水都去哪儿了呢？……

这些问题或许可以帮助我们更深入地理解人与自然之间的关系，以及在节约地球水资源方面我们可以做些什么。

你知道古代的黄河是什么样子吗？

先秦时期，黄河河面宽阔，水量丰沛，河水相对清澈，人们称它为"河""河水""大河"等。秦汉时期，随着河水中的泥沙增多，一些人开始叫它"浊河"或"黄河"。到了唐宋时期，"黄河"这个名称才被广泛使用，李白、刘禹锡等大诗人都曾在诗中描绘过它。

小贴士

黄河是世界上含沙量最高的河流，民间有"一碗黄水半碗沙"的说法。据统计，1919 年至 1959 年期间，黄河每年至少会携带 16 亿吨泥沙入海。

那么，黄河水是怎么变黄的呢？

这就不得不提黄土高原了！黄河中的绝大多数泥沙都来源于它。

从进入黄土高原开始，我的颜色就变黄啦！

黄土高原主要位于黄河中上游，因覆盖着厚厚的黄土而得名。黄土的颗粒细小，土体结构疏松，非常容易被流水冲走，这就使得黄土高原成为世界上水土流失最严重的地区之一。

泥沙进入黄河，除了改变河水的颜色，还会产生哪些后果呢？

救命！我们不想被黄河水带走！

小心，泥沙堵塞了河道！

最危险的后果是形成"地上悬河"。黄河里的泥沙被携带至下游后,很容易淤积起来。年复一年,河床一点儿一点儿地抬高,有的甚至可以超出堤外平地十几米!

你能想象出"船在天上行,人在水下走"的画面吗?

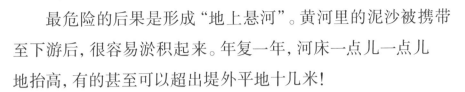

我是开封铁塔,有 55.8 米高哟!

究竟要把我们带到哪里?

怎么回事,我们黄河水在一点点升高!

沙粒们,我们把河床抬高到 8 米啦!继续加油!

黄河侧剖面

河床剖面

在雨水稀少的旱季,河床抬高容易造成黄河断流。但若遇到大雨连绵的汛期,黄河一旦决堤,凶猛泛滥的河水会迅速将两岸变成一片汪洋。

历史上,先人们付出了艰辛的努力,但始终没有根治黄河的问题,使得黄河从"母亲河"变成了"忧患河"。

小贴士

据统计,从公元前 602 年至 1949 年的 2500 多年间,黄河共决溢 1500 多次,较大的改道 26 次,平均"三年两决口,百年一改道"。

新中国成立后不久，毛主席提出"要把黄河的事情办好"。黄河水少沙多，水和沙的关系不协调，这是黄河复杂难治的症结所在。要治理好黄河，关键在于治沙！

水利科学家们是怎么治理黄河泥沙的呢？

将坡耕地改造成梯田是一个好办法。坡耕地的地面不平整，水土流失严重。将它改造成台阶式的梯田，能够减缓水流速度，从而有效地拦截雨水。

我要让雨水慢慢渗透到土壤里！

我可是防沙固土小能手！

我们在这儿住着真好！

植物也是拦截泥沙的大功臣！植物的根系就像抓手一样，能牢牢固住疏松的黄土，不让它们被冲走。同时，它们的枝叶可以像雨伞一样，挡住雨水的冲击，保护土壤不被快速侵蚀。

修建淤地坝的办法也不错。淤地坝如卫士一般，拦截着那些试图流入黄河的泥沙。泥沙在淤地坝内慢慢沉积，使土地变得更加肥沃。

修建水库也发挥了巨大作用。水库就像一个缓冲带，能够减缓水流速度，让泥沙有足够的时间沉淀下来。这样，黄河中的泥沙含量就减少了。

小贴士

据测算，2000年以来，黄河流经的黄土高原区域，减沙作用最大的是水土保持工程措施，如修建梯田和淤地坝等，其次是林草措施，另外修建水库等也发挥了一定作用。

通过这些治理措施，黄河水变得清澈起来，更为重要的是，黄河已经连续20年没有断流过了，洪水也得到了有效控制。

既然黄河里的泥沙会带来这么多危害，是不是进入黄河的泥沙越少越好呢？

当然不是。如果进入黄河的泥沙减至很少甚至没有的话，黄河中下游的河道将面临剧烈冲刷，会引起许多严重的生态问题。

那么，进入黄河的泥沙量多少才合适呢？

要回答这个问题很难。因为黄河中水和沙的比例受降雨、气候、地面植被等多重因素的影响，在不断变化。

胡春宏院士从大学时就开始研究黄河泥沙问题，他深知确定这个数值的重要性——黄河中水沙含量的占比，决定了治理黄河和黄土高原的方案，也深知确定这个数值的难度。

从巴颜喀拉山北麓的黄河源头，到山东东营的黄河入海口，胡春宏院士带领团队不分寒暑、不舍昼夜地进行调查研究。他们最终得出了一个相对精准的答案——每年3亿吨左右最合适。

这个含沙量既不会造成下游侵蚀加剧，又不会造成泥沙淤积，还能避免出现畸形河湾发育等问题。

小贴士

畸形河湾是一种变形的、过度弯曲的河湾形态。畸形河湾的发育会导致河道整治工程出现险情，并威胁滩区及堤防安全。

这个答案将怎么应用到黄河治理中呢?

　　未来黄河上怎么修建水库?在哪儿修?修几座合适?黄土高原上的梯田、植被、淤地坝等该如何建设?是多修建一些梯田,还是多种树?如果修建梯田,修建多少合适?如果种树,种多少合适?……这些问题,都可以根据这个数值来判断。

好挤呀,天天吃不饱,喝不够。

树种得越多越好吗?

我们没有足够的养料供养它们啦!

我们想长大,可是这里伸展不开了!

小贴士

　　植树造林是治理黄土高原水土流失的重要措施,但若植物超过土壤水分能够承受的量,反而会使土壤环境变差。所以,治理黄土高原水土流失并不是种树越多越好!

除了治理黄河泥沙问题，胡春宏院士还带领团队研究怎么深度利用黄河泥沙。他们发现，黄河泥沙在填海造陆、改良土壤、塑造湿地、加固大堤等方面大有可为，为黄河大量的泥沙找到了最佳出路。

胡院士常说："学泥沙要在中国学，因为中国的泥沙问题最严重、最典型，而且中国的研究水平也是处在世界前列的。"40多年来，他带领团队解决了黄河的一系列难题，凭借累累硕果守护黄河，推动了全球泥沙学科的发展。

将黄河从"忧患河"改造成"幸福河"，是中华民族几千年来的梦想。要实现这个梦想，我们还有许多棘手的问题需要解决，但幸运的是，古往今来的水利科学家们已经积累了丰富的治河经验，我们可以站在巨人的肩膀上看得更高、更远。

同学们，你们准备好接过这个接力棒了吗?

"远水解不了近渴""一方水土养一方人"……这些俗语让我们有一种根深蒂固的感觉：我们喝的都是家乡水。

但是你知道吗？你每天喝的水，还真不一定是家乡水。比如，北京人喝的每 10 杯水中，就有 7.5 杯水来自遥远的南方。

这是一项伟大的水利工程——南水北调工程的结果。

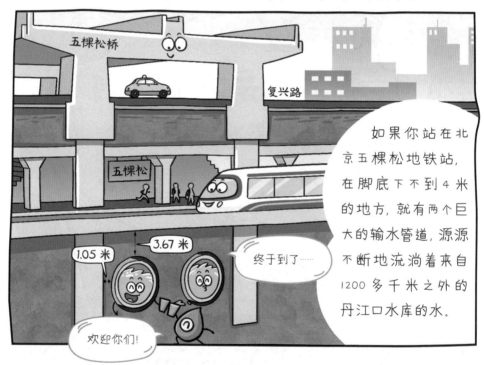

当然是因为缺水。

我国水资源总量排在世界前列，但人均水资源却只有全球平均值的四分之一，属于世界上人均水资源最贫乏的国家之一。

我国的水资源主要集中在南方。位于南方的长江，年均水量占全国所有河流总量的三分之一还要多，是位于北方的黄河的20倍。这个差距实在是太大了！

因为北方缺水，河流里的水都快被用光了。黄河流域的水资源利用率已经达到了80%。海河流域的水资源利用率甚至达到了106%，这是什么意思呢？也就是把海河里的水全部用了一遍，不够，再用一遍……

现在，你知道从南方调水是一件多么重要的事情了吧？

其实，早在1952年10月，毛泽东主席巡视黄河时，就提出："南方水多，北方水少，如果有可能，借点儿水来也是可以的。"

这是南水北调工程的最初构想。

1995 年，科学家们经过详细论证，规划了东线、中线和西线三条调水线路。如果这三条线路全部顺利实施，相当于我们从长江向北方引了一条黄河的水量，可以极大地缓解北方水资源不足的情况。

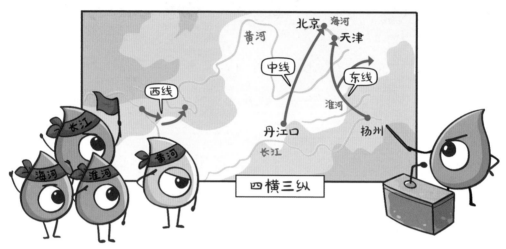

李白有诗云："蜀道之难，难于上青天！"

其实，让长江水向北流，一点儿也不比翻越蜀道容易！南水北调中线起源于长江最大的支流汉江，这儿有一个超大的蓄水池——丹江口水库。

小贴士

丹江口水库被誉为"亚洲天池"，最大蓄水量有 290.5 亿吨，水质连续 25 年稳定在国家二类以上标准。

丹江口水库

　　钮新强院士是南水北调中线工程的主要负责人之一。他决心率团队建设一条"高速公路"，让丹江口水库的水顺利北上。可是这一路上要穿越686条河流，还有无数的铁路、公路，让北方人喝到干净如初的长江水谈何容易？

　　钮新强院士想到的方法是"上天入地"，让输水干线与其他河流、道路立体交叉，互不干涉。

　　长江水从丹江口大坝流出后，水位较高，沿着明渠、渡槽一路向北奔流，最先被湍河拦住了去路。钮院士经过综合比较以后，选择了"上天"的方式，也就是架渡槽，让长江水从原河面上穿越过去。这个渡槽上每时每刻有6600吨重的水通过，相当于同时通过30列火车，这个规模世界罕见。

小贴士

　　明渠是敞开的、看得见水流走向的渠道。渡槽是输送水流跨越河渠、溪谷、洼地及道路的架空水槽。而隧洞则一般是穿山开挖而成的封闭式输水洞，可以使水流穿山遁地。

接下来,长江水碰到了一条更大的河——黄河。

怎么让长江水穿越黄河呢?

这次,水利专家们分成了两派。一派主张"上天",也就是和过湍河一样,用渡槽的形式通过。还有一派主张"入地",也就是在黄河的底下挖一条隧洞通过。

如果采用"上天"的方式,一槽飞架南北,以后这儿还可能成为一个旅游景点。但是,"三十年河东,三十年河西",黄河的下游河床一直是变化的。"上天"要修很长的渡槽,得用100多个槽墩,这样很可能会影响到黄河河势的稳定,导致黄河决堤。

钮新强院士主张"入地",在黄河底下凿一条隧洞,利用倒虹吸的原理,让长江水通过黄河。

小贴士

当进水端高于出水端时,进水端水压高,出水端水压低,水自身的重力差就会把水压向出水端。这就是倒虹吸的原理。

原来可以用倒虹吸原理解决这个难题呀!

倒虹吸的原理

钮院士感觉到了沉甸甸的压力：要挖隧洞得靠盾构机，盾构机比较有把握的施工长度是两到三千米，但是穿黄工程要求的长度超过了四千米，并且，黄河的河床地质结构十分复杂，这在国际上都是前所未有的难题。

钮院士说："技术是买不来、要不来的，要靠我们自主创新。"

他带领团队，又一次自主研发了复杂地质条件下的大型输水隧洞关键技术。两年后，终于实现了长江与黄河的"立体交叉"……

整整11个年头，南水北调中线项目挖了8.8亿方土石方，相当于挖了63个西湖；浇了3000多万方的混凝土，相当于浇了两个三峡大坝；用钢量达到了178万吨，相当于43个北京奥运会主场馆"鸟巢"的用钢量。在这个过程中，他们自主解决了许多世界级的难题。

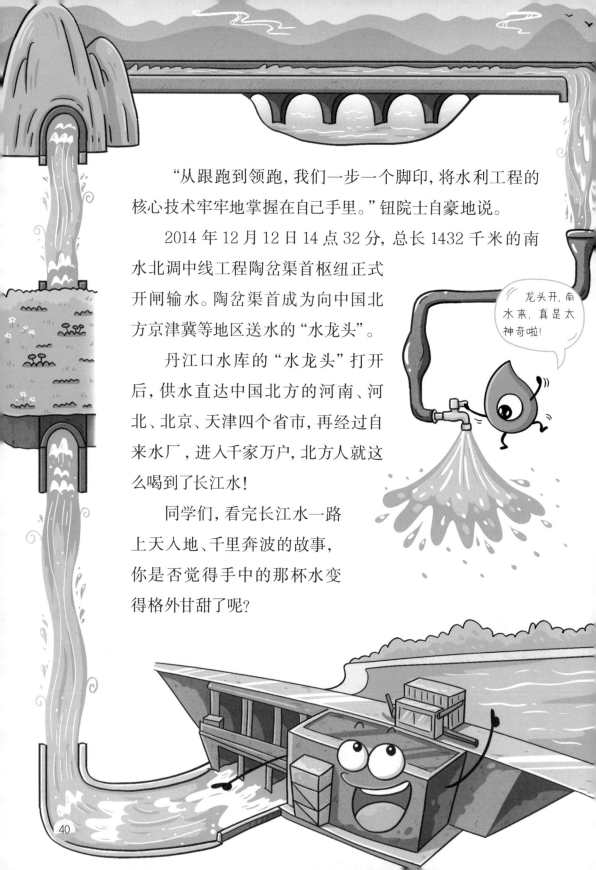

"从跟跑到领跑，我们一步一个脚印，将水利工程的核心技术牢牢地掌握在自己手里。"钮院士自豪地说。

2014年12月12日14点32分，总长1432千米的南水北调中线工程陶岔渠首枢纽正式开闸输水。陶岔渠首成为向中国北方京津冀等地区送水的"水龙头"。

丹江口水库的"水龙头"打开后，供水直达中国北方的河南、河北、北京、天津四个省市，再经过自来水厂，进入千家万户，北方人就这么喝到了长江水！

同学们，看完长江水一路上天入地、千里奔波的故事，你是否觉得手中的那杯水变得格外甘甜了呢？

龙头开，南水来，真是太神奇啦！

长江以强大的水资源优势，千百年来滋养着两岸的百姓。

但是，长江又是一条"不听话"的河流，经常"闹脾气"、发洪水，淹没两岸的耕地、房屋，造成巨大的生命财产损失。

怎么让桀骜不驯的长江变得驯服起来，更好地为人类服务呢？

修建水利工程，调蓄长江洪水，变水患为水利！

三峡工程因此而诞生。

三峡工程是用混凝土浇筑而成的。如果把这些混凝土修成 1 米厚、1.5 米高的墙，可从地球北极连接到南极。

你知道吗？三峡工程中的三峡大坝高 181 米，相当于 60 层楼高呢。

小贴士

长江三峡是瞿塘峡、巫峡和西陵峡的总称，是长江进入中下游平原河道的"咽喉"，紧邻长江防洪形势最为严峻的荆江河段。三峡工程建在西陵峡河段，就像给长江这匹"野马"系上一条缰绳，让它乖乖地听话。

建造三峡大坝时，是怎么截断长江水的呢？

我们知道，建高楼大厦，首先要挖一个大坑打地基。建大坝也一样需要打地基。

但是，在水里是不能直接施工的，必须在没水的条件下进行。这就涉及大坝工程建设中一项最基础、最重要的工作——导截流。

什么是导截流呢？

所谓的导流，就是人为地使水流改道。截流呢，就是向河里抛砂石等材料，截断河道。这样就可以先在截断的河道上施工，等施工完成了，再让河水正常流动。

在大江大河截流，不是那么容易的。

一般是从河流的两侧向中间推进，当过水面越来越小的时候，河流上游的水位就会越涨越高，水的流速也会越来越快。别说抛下去的砂石很快就被冲走了，就算是一辆装满石头的大卡车也会被迅速冲走。

不得了，水深60米。

危险，不能过河！

水也太急了！

长江是中国第一大河,需要截流的流量就更大了,而且水还很深。在深水、大流量和软泥条件下截流,是三峡工程建设面临的最大技术难题,世界上无成功经验可借鉴。

我创下了许多个世界第一!

小贴士

长江截流时的最大流量,是当时世界上最大截流流量——巴西伊泰普大坝截流流量的1.45倍;长江截流时的最大水深约60米,是当时世界上最大截流水深——美国达勒斯工程截流水深的1.3倍。

面对困难,中国科学家和工程师迎难而上。

1993年三峡工程开工前夕,50多岁的郑守仁院士迎来了他一生最大的挑战:奉命担任三峡工程设计代表局局长,负责三峡工程设计,主持长江的导截流工作。

"作为一名水利人,能参与三峡工程是最大的幸福。"郑院士说。

从到三峡工地的第一天开始,他就把家搬到工地,与工程为伴、以工地为家。这一住就是27年。

郑守仁院士虚怀若谷,每年都千方百计地邀请很多老专家到三峡工地来指导,甚至"坐镇把关"。

一位老工程师来工地时，因为天气热，生活有些不便，郑院士以"常年驻守工地，不在家做饭"为由，把自家的冰箱直接搬了过去……

三峡工程截流的难度实属世界之最。怎么让滚滚长江水乖乖地为三峡大坝的建设让路呢？

经过反复的水工试验和研究计算，郑守仁院士的计划是步步为营，稳扎稳打。

施工人员先向江中大面积平抛砂石料，这样既可以压住江底松软的泥沙，又能垫高河床，让深水变成浅水，截流时砂石料就能在水里站稳脚跟了。这种"人造江底、深水变浅""预平抛垫底"的截流技术是世界首创。

三峡工程的导截流不是一次完成，而是采取围一段、建一段、拆一段的"三步走"方式，在整个工程建设过程中需要"三围长江，两改江流"。

三峡工程建设前，在坝址处有一个天然小岛——中堡岛，这个小岛左侧的部分叫大江，右侧的部分叫后河。郑院士就利用了这个小岛，让长江水左腾右挪。三峡工程第三期截流前夕，大家都惴惴不安，郑院士却显得格外轻松。他胸有成竹地说，截流合龙已是胜券在握。

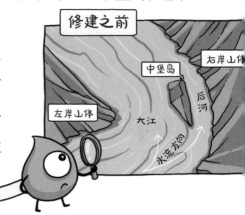

一期工程时，工程师们先以中堡岛为据点，把后河的上、下游，以及中堡岛左侧围起来，形成一个坑，专业名词叫基坑。

再把中堡岛挖掉，基坑里的水全部抽干、泥沙全部清出，直到露出坚硬的岩石，在岩石上修建一条混凝土明渠。

这时候，长江水主要从左侧的大江走。

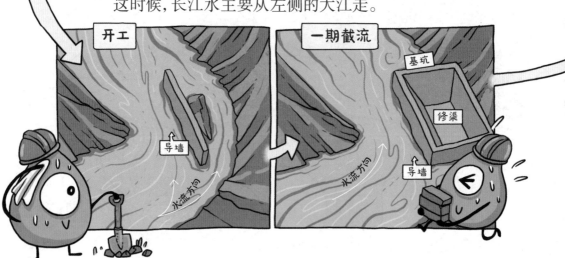

二期工程时，如法炮制，把大江的上下游围起来，建了基坑，在基坑里建了三峡大坝的泄洪坝段、左岸水电站厂房坝段等。

这时候，长江水从修好的明渠走。

到了三期工程，把明渠的上、下游围起来，形成三期基坑，在里面修建了厂房坝段、右岸水电站厂房等。

这时候，长江水再次改道，从建好的泄洪坝段走了。

通过三期导截流，一座雄伟的大坝就在长江中慢慢长高、建成了！

作为世界上综合规模最大、功能最多的水利水电工程，三峡工程"截断巫山云雨，高峡出平湖"，也是一道壮美的景观。

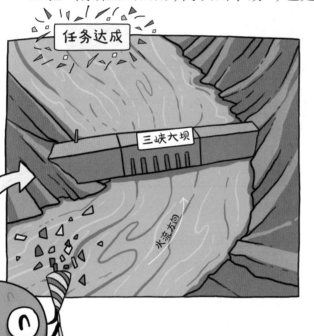

小贴士

　　三峡工程全称为长江三峡水利枢纽工程，三峡工程建筑由大坝、水电站厂房和通航建筑物三大部分组成。

同学们，你们知道吗？在三峡工程博物馆里，整整齐齐陈列着郑守仁院士的19本工作笔记，这些笔记本里堆满了数字、符号、示意图，直观、真实地记录了三峡工程建设过程中遇到的众多困难与挑战，算得上是"微缩版的三峡工程建设史"。

伟大工程的建设，凝聚着众多建设者们的心血，郑守仁院士就是其中的一个。希望将来有一天，你也能加入这个行列，投身我国诸多伟大工程的建设。

在电影《流浪地球》中，由于受到高温、海啸、极寒等恶劣天气的影响，人类集体搬迁至地下5000米深的"地下城"。而现实中，当你乘坐电梯到达川流不息的地下商场，即使外面正风雨交加、电闪雷鸣，你依旧可以放心地在这座"地下城"消费娱乐。

你是否意识到了我们的"地下城"功能竟如此强大？

早在1982年，联合国就正式将地下空间列为"潜在而丰富的自然资源"。进入21世纪以后，我国的地下空间进入高速发展期，在以轨道交通和综合管廊为主导的地下市政设施方面，其建设规模、运维等环节正在赶超世界，城市发展向地下纵深的步伐已势不可挡！

小贴士

截至2021年底，中国城市地下空间累计建设27亿平方米，相当于北京和广州城区面积的总和。我国已成为名副其实的地下空间开发利用大国！

但在我国"入地"工程蓬勃发展的道路上，却面临着一个巨大的难题：我们最宝贵的资源之一——地下水，往往会成为地下空间建设最大的"敌人"。

潜水层
不透水层
承压地下水
不透水层

地下水的复杂多变、防水材料的局限性、技术的限制和地下空间结构的特殊性等，给地下空间的建设造成了极大的困难。建设地下空间时，要控制好地下水，工程师需要综合考虑地质条件、排水系统、环境保护等多方面因素。

工程师是如何控制好地下水的呢？

20世纪50年代，上海刚提出修建地铁时，国外专家就提出了疑问：上海位于长江入海口，地质条件十分复杂，在饱和含水的软弱土地层中修建地铁，能实现吗？甚至有人说，在上海挖地铁就好比是在豆腐里打洞。

小贴士

地下空间开发会扰动天然地下水系统，地下水会造成地下建筑物的渗漏、浮起、下陷等问题。

实际上，水患比人们预想的更加难以控制。

黄浦江畔的上海地铁施工现场，塌方和突水事故频发。常常挖着挖着，坚固的土壤就变成了软乎乎的淤泥，隧道被涌出的水冲垮，水涨得没过了工人们的膝盖。

当时，研究钻井技术的陈湘生院士专门为上海地铁建设者出谋划策。他们经过多次试验，终于找到了一种坚固的防水结构，在地下成功掘进了100多米隧道。陈院士和团队的工作开创了世界先例，解决了软弱、富水地层的地铁施工难题。

解决了上海地铁建设中的难题后，陈院士开始研究与地铁隧道挖掘相关的核心技术。已年届不惑的他毅然投身到地下空间隧道的建设中。

2002年，深圳地铁1号线挖掘到广深路附近时，突遇湍急的地下水，工程随时可能塌方。更可怕的是，地下水酸性极强，一会儿工夫，工人的手脚、靴子就脱了皮，施工被迫中断，情况十分危急。

陈院士和团队成员最先想到传统的封堵法：把水泥注入土体中，驱走岩石和土壤空隙中的水分和气体，水泥凝固后形成一个完整的硬度高、稳定性强的新土体，就像罩了一个金钟罩。

但高腐蚀的地下水总能找到出路，一条小小的缝隙就会让防水屏障功亏一篑，隧道里依然时不时水流如注。

紧要关头，陈湘生院士想到了北京建井研究所掌握的一种新型防水技术——地层冻结法。

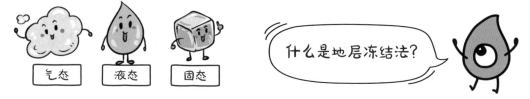

我们知道，水主要有三种形态：液态的水、气态的水蒸气、固态的冰。那你知道哪种形态的水最稳定吗？对了，是形状和体积都固定不变的冰。如果在地下安一台"冰箱"，不就能冻住地层中的水，解决防水的难题了吗？

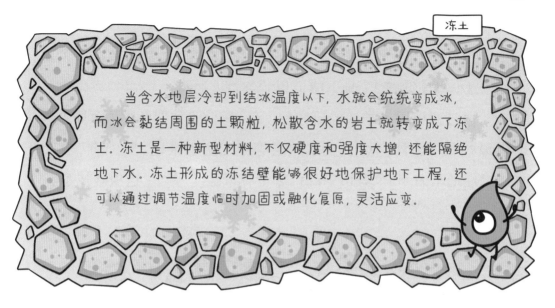

冻土

当含水地层冷却到结冰温度以下，水就会统统变成冰，而冰会黏结周围的土颗粒，松散含水的岩土就转变成了冻土。冻土是一种新型材料，不仅硬度和强度大增，还能隔绝地下水。冻土形成的冻结壁能够很好地保护地下工程，还可以通过调节温度临时加固或融化复原，灵活应变。

陈院士和团队利用地层冻结法，让地层的强度和稳定性变得非常理想。

然而，这种方法只能冻住地层上方，下方快速流动的水冻结起来十分困难，他们尝试了多种冷冻技术都冻不住!

工期迫在眉睫，内部争论激烈，陈湘生院士决定：创新冻结法，再次尝试!

陈院士带领攻关小组不断地试验、分析、排除，找到问题的关键：流速和流量。他们在水流的上游打了几口井，用泵抽水排水，减少下游的水量，两头作业，慢慢冻住地层后再开挖。

55

为了抢工期,哪里能施工他们就往哪里赶,大家都睡在施工现场,24小时连续施工,地下隧道里始终灯火通明。

通过对地层冻结法的研究和创新,陈院士如期解决了深圳地铁建设过程中流沙、软土、含水地层等施工防水难题。2021年,在全国已经通车的45个城市中,有32个城市已经用到了这项新技术。

再后来,陈院士率团队又上百次地解决了下穿高铁线路、高楼大厦、隧道、水库等工程建设中的难题。他的工作开创了新时代复杂水文地质条件下安全快速施工的先河。

从事"地下工作"40多年,陈院士说:"我就希望把地下工程建好,让老百姓感到安全。"谈到未来的地下空间,陈院士充满期待:"未来的地下空间很可能会成为更加清洁、智能、绿色的立体城市。"

同学们,未来对深地空间的开发利用将不再是科幻。深地空间也许将会成为优于太空的定居点,帮助我们成功地应对地球灾害!

"驯服"地下水只是第一步,如何让地下水和城市地下空间有机地融合在一起呢? 新的"地下工作"等着你来挑战……

小鲤鱼跳龙门是我们从小就熟悉的一个故事。但你知道吗？如果在现代，小鲤鱼也许就不用那么费劲了，遇到落差很大、水流湍急的水坝，它们可以走"楼梯"。

楼梯？鱼也有楼梯吗？

是的，给鱼修的楼梯叫"鱼梯"，也叫"鱼道"。

鱼梯到底有什么用呢？我举一个例子你就知道了。

2022年7月，世界自然保护联盟正式宣告：白鲟灭绝了。

白鲟？这可是和白垩纪时期的霸王龙、翼龙做过邻居的物种啊！它们已经在地球上存活了1亿多年，20世纪70年代还很常见，怎么好端端的就灭绝了呢？

小贴士

鱼梯是供鱼走的台阶，大致分为槽式鱼梯、池式鱼梯和自然鱼梯，一般设置在水坝的侧方，水流相对平缓，鱼可以一节一节跳跃到高处，进行洄游。

这是一个悲伤的故事。

产卵是鱼最重要的生命阶段。通常，鱼妈妈们在产卵前会前往一个特殊的场所——产卵场。那是鱼类在上千万年进化过程中寻觅到的地方，那里有最适宜它们族群产卵、孵化以及抚育仔鱼的水流速度、水温、水深等条件。有些鱼类的产卵场离它们平时生活的地方很远，需要通过洄游抵达。

如果某种鱼的产卵场被破坏，或者洄游之路被阻断，那么这种鱼就会面临灭顶之灾。白鲟的灭绝就跟产卵场被破坏、洄游之路被阻断有关。

成年白鲟主要生活在长江中下游，但它们的产卵场在长江上游的金沙江段。在繁殖季节，白鲟会洄游3000多千米，到金沙江段的产卵场产卵。小白鲟孵化出来后，随水漂流到长江口，在那里生活八年左右的时间，发育成熟，再洄游产卵，周而复始。

然而，20世纪70年代初，葛洲坝开始修建，当时没有修鱼梯，相当于给长江上了一道闸门；后来，葛洲坝上游又修建了三峡大坝，也没修鱼梯，这下彻底阻断了白鲟的洄游之路。

白鲟原来的产卵场，也已经成了水库，水温、流速都发生了巨大的变化。白鲟彻底失去了能够繁衍生息的"老家"，最终灭绝。

因为白鲟的悲剧，人们逐渐意识到了水利工程对鱼类生活的影响，所以后来再修建水电站时，就考虑到了这一问题。

比如，为保护珍稀鱼类，雅鲁藏布江上的华能藏木水电站就专门修建了长达3600米的鱼梯，可供鱼类洄游。

除此之外，华能藏木水电站还建了鱼类增殖站，人工繁殖濒危的珍稀鱼类，再集中放流到江中，来补充流域内的珍稀鱼类资源，保护高原水生生态。

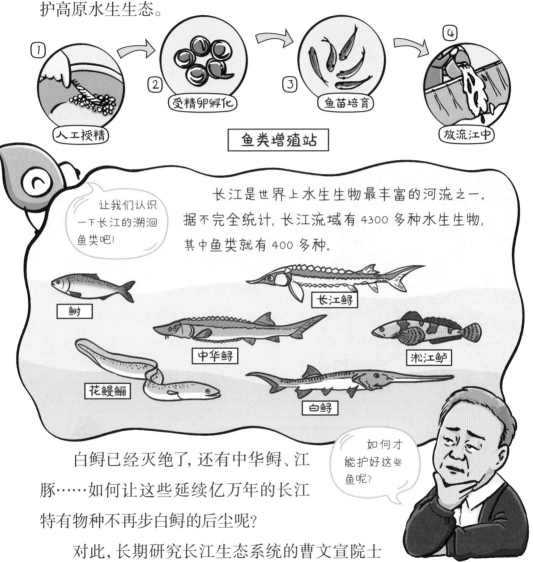

① 人工授精

② 受精卵孵化

③ 鱼苗培育

④ 放流江中

鱼类增殖站

让我们认识一下长江的溯洄鱼类吧!

长江是世界上水生生物最丰富的河流之一。据不完全统计，长江流域有 4300 多种水生生物，其中鱼类就有 400 多种。

鲥

长江鲟

中华鲟

淞江鲈

花鳗鲡

白鲟

白鲟已经灭绝了，还有中华鲟、江豚……如何让这些延续亿万年的长江特有物种不再步白鲟的后尘呢？

如何才能护好这些鱼呢?

对此，长期研究长江生态系统的曹文宣院士忧心如焚："每一项水利工程的兴建，对于当地的鱼来说，其影响有可能是灾难性的。"

为了保护长江鱼类，自2003年起，我国实施了每年三个月的长江禁渔期制度。

曹文宣院士心想：这个办法行不行呢？渔民捕的都是什么样的鱼呢？

我还没有长大，放了我吧！

他们都还是小宝宝！

唉，唯有全面休渔可行啊！

于是，他带着学生去洞庭湖、鄱阳湖调查。不看不知道，一看吓一跳。原来，禁渔期刚刚结束，渔民就下湖捕捞。湖里大多数都是当年产的幼鱼，而有些渔网的网眼只有1.5到2.5厘米。也就是说，很多鱼还来不及长大，就已经被捕捞上岸了。

曹院士认为，阶段性地休渔治标不治本，不能从根本上解决长江生态问题。2006年，曹院士提出，把阶段性休渔改为全面休渔十年。

为什么是十年呢？

曹院士以长江最常见的"四大家鱼"为例：它们的性成熟年龄一般为三至五年，连续十年，正好有两到三代的繁衍，这样有助于长江

小贴士

我国"四大家鱼"指青、草、鲢、鳙四种淡水鱼，这四种鱼一直是长江中最多的鱼类，但现在却越来越少。

水生生物资源数量成倍恢复，也有利于江豚等重点保护动物的生存繁衍，让长江彻底地来一次休养生息。

但是当地的渔民一直以来靠水吃水，对这一举措一时很难接受，有些人就找曹院士理论。

曹院士理解渔民的苦衷，也理解政府部门要解决渔民安置问题的难度。但他更知道，这件事情迟早要做，迟做不如早做，"如果说长江'病'了的话，那么'十年禁渔'是对母亲河的一次'抢救'。如果长江没有鱼，渔民以后也没鱼可捕。"

在曹院士的呼吁下，长江上游的赤水河成为长江第一条实施全面禁渔十年的一级支流。不仅是禁渔，曹院士还提出放弃赤水河上游梯级电站开发的建议，为的就是给长江鱼类提供一个"庇护所"。

2021年1月1日起，长江流域重点水域正式进入"十年禁渔期"；2021年3月1日，《中华人民共和国长江保护法》正式施行，"共抓大保护、不搞大开发"正式写入法律。

渔民不再捕鱼后，鱼慢慢回来了！

随着长江生态的逐渐好转，最近几年，被称为"水中大熊猫"的江豚在水中嬉戏的场面屡见报道。

同学们，看到这儿，你是不是也长舒了一口气呢？

保护好鱼类的生存家园，让鱼有适合它们生存的水域，在修建水利工程时修建鱼梯、繁殖放流、禁渔等都是行之有效的措施。让我们一起来想想，我们还能为它们做些什么呢？

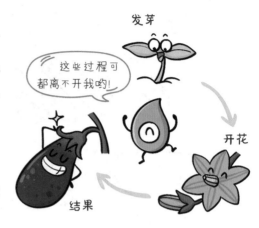

发芽

这些过程可都离不开我哟!

开花

结果

"风调雨顺，五谷丰登""有收无收在于水，收多收少在于肥"，没错，水分是否充足决定了农作物收成好坏。

从种子萌芽到开花、结果，农作物生长的每一个过程都需要水分的参与。

农作物所需的水分主要来自降雨和土壤水。然而，在许多地方，降雨量满足不了当地农作物的胃口，而这些地方的地下水往往又埋藏得很深，农作物的根系难以触及。

怎么才能让农作物喝饱水、喝好水呢?

这是水利科学家们念念不忘的事。

用渠道或者管道将水输送到农田不就可以了吗? 你也许会这样想。

可事情并没有这么简单。许多农田附近都没有现成的水源，我们需要修建一系列的引水、蓄水、输水和灌溉工程，才能将远处的水引至农田。而这仅仅是第一步。

要想让农作物喝好水，还需要考虑如何有效地将水分输送至农作物的根部。

请注意"有效"两个字。

小贴士

在人类使用的淡水资源中，农业灌溉用水量稳居第一，约占70%。并且，随着全球人口增加以及人类饮食结构的改变，灌溉用水量还在不断增长。

农业灌溉 70%

淡水资源

用更少的水让农作物生长得更好，这是一个充满挑战又富有深远意义的课题。我国农业水利工程学家茆智院士始终在追寻这个问题的答案。他认为，要在这个问题上取得突破，必须先了解农作物在每个生长阶段对水的需求规律。

那么，如何了解农作物的需水规律呢?

1960年，茆智院士带领着20多名师生来到海南岛，他们要在这里开始一项前所未有的课题——橡胶树灌溉研究。当时，橡胶是国防战备物资，国家急需提高它的产量。此时茆院士只有28岁。

由于经常需要昼夜观测，茆院士一直住在橡胶园边简陋的茅草棚里，一住就是三年。

一次，他在茅草棚中睡觉，床突然塌了，一看才知道，床腿早已被白蚁蛀空了。还有一次，他正在园里翻地除草，一种名为竹叶青的毒蛇嗖的一下蹿到他的手上，还好没有酿成"惨案"。

苦不苦，累不累，危险不危险，这些问题茆院士根本无暇顾及。他一直在与时间赛跑，要对头脑中的那个问题做出回答。

经过持续的观测，他发现在土壤湿度高的地里，橡胶树生长得快，在土壤较干的地里，橡胶树生长得慢；但是在一场大雨或是一次充分灌溉后，生长在较干土壤中的橡胶树反而长得更快，远超生长在较湿土壤中的橡胶树。

这是为什么呢？

茆院士和学生们挖掘出一些橡胶树的树根，想要寻找埋藏在地下的秘密。

下雨啦，来水啦，我为这一天做了充足的准备！

开饭啦！

没胃口，吃啥都不香！

干土壤

湿土壤

你终于找到我们啦！

茆智院士发现了一个令人惊叹的现象：在干旱的土壤中，橡胶树的根系往往会扎得很深，有的甚至有半层楼那么高。这些深入地下的根，大多是具有强大吸水能力的白根。而在湿润的土壤中，橡胶树的根系较浅，分布范围也较小，并且有许多黑根或烂根。

因此，一旦有了充足的水源，那些白根较多的橡胶树就会迅速吸收水分，从而生长得更快。

茆智院士琢磨着：这不就和人的成长是一个道理吗？身处逆境的时候，我们自身就会发展出适应逆境的能力，农作物也一样。

基于这些发现，茆院士创造性地提出"反弹效应"理论。这个理论指出：农作物在经受干旱后再进行灌溉，更有利于其生长发育。这个理论更新了人们对于节水灌溉的认知，开启了农作物节水灌溉的新途径。

在此之前，许多国外的研究机构都认为，节水灌溉会使农作物的产量降低。但是，茆智院士的新发现告诉我们，如果能够找到农作物生长所需最少水分的临界点，平时以临界点水量灌溉农作物，到了农作物生长的关键时期再进行充分灌溉，农作物的生长就会发生反弹效应，长得更好！这样既能节水，又能保证高产。

在茆智院士的影响下，他的学生康绍忠院士心生一个更大的梦想——把荒漠变为绿洲。

康绍忠院士难以忘记他初次踏足青土湖时看到的景象，这个位于西北内陆干旱区的湖泊早已干涸，土地盐碱化和荒漠化严重，村民们陆续离开了世世代代居住的家园……看到此情此景，一个声音在他的心里响起："我要为这里做点儿事情！"

为了实现这个梦想，康绍忠院士在条件艰苦的西北一干就是30多年。

还是节水灌溉！

一切从零开始。康院士带领学生，冒着高温，顶着烈日进行野外科学观测，常常一干就是十几小时。渴了，喝几口白开水；饿了，啃几口自带的干粮；该洗澡了，先忍着。

在大量数据的支撑下，康院士发现，通过对农作物根系的不同部位交替进行一定程度的干旱锻炼，可以提高根系对水分的有效利用率。

这一技术很快在干旱少雨的民勤沙漠绿洲区得到推广应用，在保证产量的情况下，每亩地可以节约 20%～30% 的水。

康绍忠院士带领团队继续系统地研究出石羊河流域 13 种主要农作物和 4 种防风固沙作物在不同生长阶段的需水量，提出了如何用更少的水，让玉米、小麦、棉花等农作物的产量更高、质量更优。

如今，石羊河又重现过去碧波荡漾、野鸭成群、游鱼无数、水草丰美的景象。

用最少的水让农作物生长得更好，未来的科学家们，你们有更好的答案吗？

你知道吗？早在 2000 多年前，聪明的中国人就已经开始利用水流舂米和磨面了！但直到发电机和输电技术出现，水流才展现出它真正的实力。现在，水力发电贡献了全球发电总量的六分之一，已成为最重要的绿色能源之一。

你知道水流是如何转化为强大的电流的吗？

这要归功于水电站的神奇作用。

水电站利用拦河大坝，将水流截住，形成巨大的水库。随着水库中的水量不断增加，水位逐渐上升，水的位能越来越大。当水库开闸放水时，汹涌的水流以惊人的力量冲击水轮机的转轮，将水所含的势能转化为水轮机的动能。然后，水轮机带动发电机旋转，电流就产生了！

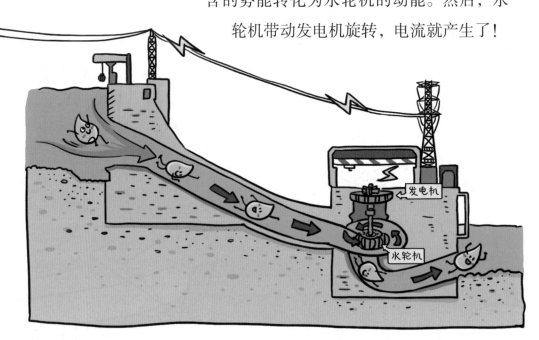

发电机

水轮机

然而，仅靠一座水电站的力量，无法将一条河流的水能资源充分"唤醒"。那么，如何才能让这条河流的水能资源发挥出最大的潜力呢？

答案是修建梯级水电站！也就是在一条河流上，按照阶梯状的布局，从上游到下游依次修建多座水电站。这些水电站每一座是一个梯级，就像楼梯一样。

小贴士

一条河所蕴含的水能资源，是由它的流量和落差决定的。流量越大，河流落差越大，产生的水能就越多。而河流的落差是由地形落差决定的。

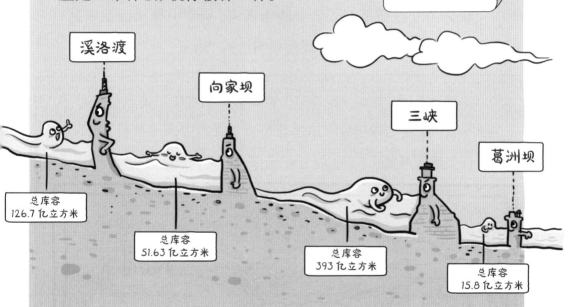

溪洛渡
总库容 126.7 亿立方米

向家坝
总库容 51.63 亿立方米

三峡
总库容 393 亿立方米

葛洲坝
总库容 15.8 亿立方米

水流每经过一座梯级水电站，就能发一次电。比如，长江上游，乌东德、白鹤滩、溪洛渡、向家坝、三峡和葛洲坝六座水电站串连成珠，形成了世界上规模最大的水电站群。从此，长江上的每一滴水，都会流过这六座水电站，发六次电。

梯级水电站的水库上下游相连，它们团结合作可以创造出很多价值。但是，有的时候因为上下游没有"沟通"好，也会相互连累。

要让梯级水电站像机器的齿轮一样密切配合，确保每一滴水都能发挥最大的作用，这就需要引入梯级水电站联合调度了。

联合调度就像是音乐会上的指挥家，负责引导梯级水电站在正确的时间、用正确的方式奏响自己的"乐章"。

当洪水来袭，这位"指挥家"会根据每座水电站水库的特点和下游水情，精准地调整每一座水电站向下游排泄洪水的量，避免对下游城市造成威胁。

流域阶梯水库群联合调度中心

特大洪水来啦！水电站们，请帮助三峡水电站分担压力！

在汛期快要结束时，联合调度会巧妙地"指挥"水电站抓住汛期最后一场洪水的机会，将洪水资源存蓄在水库中，以便在第二年汛期来临之前，有充足的水来发电。

在干旱季节，联合调度的工作是"指挥"水电站像接力队员一样，一个接一个地向下游河道输送水量，确保船只在河流上畅通无阻。

这么方便智能的方法的研发，离不开我国水电能源理论的奠基人张勇传院士。

1979年，张勇传院士就曾凭借一项科学的调度方案，改变了湖南柘溪水电站的命运。

当时，柘溪水电站的运行方式是靠天吃饭，来水就发电，水多了就放掉，在干旱季节连居民的生活用水、用电都无法保证。

当水电站的技术人员听说张勇传院士在研究水电站水库调度问题，就前往他所在的华中工学院（现为华中科技大学）求助。

很快，张院士就带领团队来到柘溪水电站。他们在水电站的机房内驻扎了下来，立即埋首于复杂的水文数据中。

那时，柘溪水电站只有一台老式计算机，速度极慢，还经常"罢工"。有一次，在一个关键时刻，计算机系统突然瘫痪，大家眼看着前面所做的工作就要化为泡影，非常沮丧。

张院士却丝毫不受影响，他笑着说："没事，我们要休息，计算机也一样。走，我们先去打乒乓球！"无论面对多么大的挑战，都以积极的态度去面对，这是一位优秀科学家必须具备的素质。

最后，经过不断的尝试，新的调度方案终于诞生了！这个方案让柘溪水电站每年可以多发1.3亿度电，成为中国首个成功实现优化调度的大中型水电站。

当梯级水电站开始起步时，张勇传院士又毫不犹豫地将目光转向了梯级水电站的联合调度上。

梯级水电站的联合调度要比单独的水电站调度复杂成千上万倍！不仅要考虑每个水电站的情况，还要厘清它们之间像一团乱麻一样的复杂关系。

这时候，计算时间和计算难度都会大幅增加。要找到一个最优的调度方案，简直就像在大海里捞针。

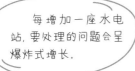

每增加一座水电站，要处理的问题会呈爆炸式增长。

张勇传院士没有被难住！他提出了一种叫作凸动态规划的解决方案。这个方案犹如指南针，我们只需按照它指示的方向，不断调整水位或者其他变量，就能快速找到最佳的调度方案。

张院士还将博弈论引入了梯级水电站联合调度理论中。阶梯水电站联合调度的过程，需要考虑"对手"的每一步行动以及"自己"的应对策略和最终的目标，这与博弈论有着相似之处。

　　找到一个平衡点来同时满足所有目标, 运用博弈论可以有效应对。张勇传院士的理论为水电站联合调度理论提供了新的思路。

　　梯级水电开发是保护环境、应对全球气候变化的重要举措之一。中国的"水电天团"在让每一滴水创造出更多电能的同时, 也让我们对延缓全球变暖速度有了更多的期待。

　　同学们, 你们心目中的水电站是什么样子呢? 它是否拥有超级智能的"大脑", 能高效地与同伴们协同工作呢? 让我们一起大胆想象, 为未来的水电站赋予更多的智慧和能量吧!

山洪来了怎么办？

洪水猛兽，这是古人对山洪形象的描述。下暴雨时，雨水在小流域内迅速汇集成强大的洪水，像凶猛的野兽一般冲出山谷，无情地摧毁着庄稼和屋舍，卷走牲畜，甚至吞噬人们的生命。

根据水利部 2020 年的统计，我国受山洪灾害威胁的人口约有 3 亿，占全国总人口的 21%，是世界上山洪灾害最严重的国家之一。

受灾人口：约 3 亿
占全国总人口 21%

小贴士

2010 年 8 月 7 日 23 时，甘肃省甘南藏族自治州舟曲县东北部发生特大暴雨，持续 40 多分钟，降雨量 97 毫米，引发白龙江左岸的三眼峪、罗家峪发生特大山洪泥石流，宽 500 米、长 5 千米的区域被夷为平地，造成 1501 人死亡，264 人失踪。这次灾害成为新中国成立以来单次死亡、失踪人数最多的特大山洪泥石流灾害。

那么，面对这样的自然灾害，我们是不是只能听天由命、束手无策呢？

答案是否定的。只要用科学的方法揭示山洪发生、发展和致灾的内在规律，做好山洪灾害的监测，让预报、预警跑在灾害的前面，就可以有效降低伤亡，保护人民的生命财产安全！

然而说起来容易做起来难,山洪灾害的定点、定量预报,在世界范围内都是一个很大的难题。再加上我国幅员辽阔,山丘区面积大,汛期长,暴雨频发,更加大了山洪灾害预警的难度。

怎样才能做好山洪灾害预警呢? 中国水利水电科学研究院专门成立了山洪灾害风险防控团队,由高级工程师孙东亚牵头,攻克了一个又一个关键技术难关。

怎样知道全国哪些地方可能发生山洪，当地会有多少人受影响呢？

团队首先做的是，摸清山洪灾害的老底，把山洪的风险定量识别出来。他们制定了山洪灾害调查评价的技术标准规范，调查了全国 157 万个村庄，研究了 53 万个小流域暴雨、下垫面，以及 5.3 万场山洪灾害的特征规律，量化辨识了致灾暴雨和小流域下垫面产汇流的关键数据，并给每一个沿河村落都确定了山洪灾害的风险范围和预警指标。

157 万个村庄

53 万个小流域

治理山洪需要充分的调查研究。

下垫面

植被

土壤

地下水

小贴士

俗话说，天上下雨地上流。"下垫面"指雨水降落时遇到的地形、地质、植被、土壤等地面、地下条件的总和。而"产汇流"则是雨水形成水流，水流进一步汇集扩大的过程。

接下来就是山洪灾害的预报、预警了。山洪来得快，突发性强，破坏力大，最有效的防范方法就是及时避险，最关键的措施就是提前发布预警，提前转移。而预警指标不准、预报提前量不足则是预警的两大"拦路虎"。

孙东亚带领团队开发了国家山洪灾害监测预警平台，可以监测雨情，进行准确的预报预警，还能提供预演预案，指挥人们顺利避险。有了这个平台，"拦路虎"就被解决啦！

国家山洪灾害监测预警平台

第一步：监测

假如把平台比喻成人体系统，那么监测工作就是"千里眼"和"顺风耳"，它可以收集各地雨量站和水位站传来的雨量、水位等实时雨情，以及未来降雨趋势等重要信息。

雨量站

雨量站

降了多少雨

形成多大的洪水

威胁多少人

能成多大灾

降雨监测

降雨径流下垫面条件

人员分布

预报预警

第二步：预报预警

预报预警工作则相当于"大脑"，它可以根据各地的雨情、水情等信息，进行快速、复杂、周密的计算和分析，再结合各流域的下垫面特征及各地的预警指标，最终确定需要预警的对象，也就是危险村庄或危险区人群，并发出预警。

国家山洪灾害监测预警平台投入应用后，我国山洪灾害死亡人口从 2010 年之前的年均 1179 人降至年均约 326 人。特别是 2022 年，在局部暴雨屡破极值、暴发严重山洪灾害的背景下，全国因山洪灾害死亡失踪 119 人，为 2000 年以来的历史最低值。

截至 2022 年 9 月，我国已初步建成覆盖 2076 个县、面积为 386 万平方千米的山洪灾害防御体系，建立了世界规模最大的山丘区实时雨水情监测网络。

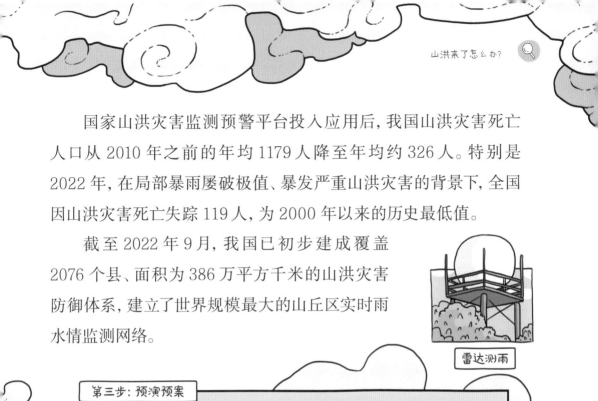

雷达测雨

第三步：预演预案

预演预案工作相当于人体的"四肢"，是行动力。它可以根据平台的测算结果，事先规划好人员转移避险的路线和方案，并在"大脑"发出实际的预警信号后，指挥人们根据科学的避险方案，争分夺秒地进行转移。

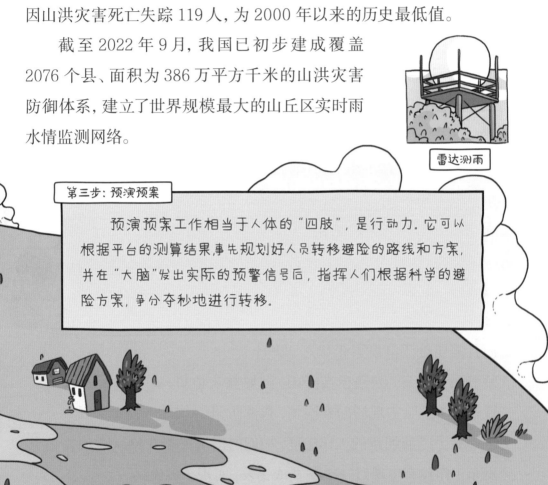

新闻 南方强降雨持续 北方多强对流天气
水利部和气象部发布黄色山洪灾害气象预警

山洪灾害风险防控团队还承担着在中央电视台发布山洪灾害气象风险预警的国家级重大任务。每年的5月初到10月初，是全国人民欢度五一、十一假期，避暑、出游的黄金时间，可也正是我国的汛期。在这段漫长的时间里，团队成员都要坚守在预警信息发布工作的第一线，时刻盯紧雨情，随时准备发布山洪预警，像守护神一样保护着人民的生命财产安全。

因为山洪灾害具有突发性强、成灾快、破坏力强等特点，所以预警员在值班期间，不但没有休息日，而且需要处于高度紧张状态，随时紧盯雨情信息。如遇极端降雨，则要整夜值班，甚至需要外派成员冒着生命危险去现场勘察险情，指挥防汛。

有了严谨细致的工作态度，他们的山洪灾害气象风险预警信息发布工作没有出现过一次漏发或错发，实现了零失误。

同学们，虽然山洪灾害的预测预报难度非常大，但并不是不可防御。我们要熟练掌握山洪灾害预警信号，特别是到山区旅游时，一定要提前做好准备并时刻警惕山洪风险，记住"离灾胜于避灾"！

堰塞湖的"杀伤力"
为什么那么大?

同学们，你们听说过堰塞湖吗？虽然名中带一个"湖"字，但你可不要以为堰塞湖和洞庭湖、杭州西湖一样，是风平浪静的旅游胜地。实际上，堰塞湖有着巨大的"杀伤力"。

这需要从堰塞湖的成因说起。

我们想象一下：一条河流在狭窄的山谷里穿行，两岸山坡陡峭耸立，突然，地动山摇，山石纷纷滚落，掉进河道里，越积越多，河流被堵住了……河道上游的水越来越多，逐渐形成了一个湖泊，这种湖泊就叫作堰塞湖。

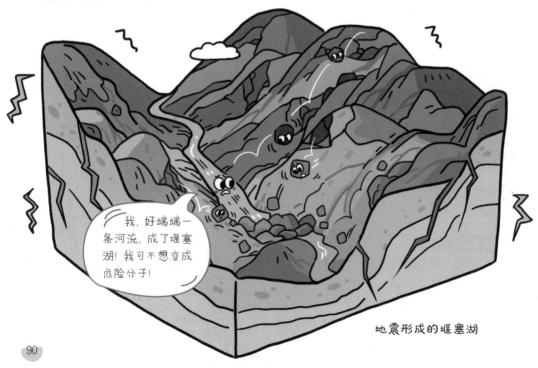

我，好端端一条河流，成了堰塞湖！我可不想变成危险分子！

地震形成的堰塞湖

大多数堰塞湖都是这么被地震"变"出来的。除了地震、火山爆发、暴雨、融雪等也可以诱发山体滑坡形成堰塞湖。

小贴士

根据堰塞湖形成的诱发因素，大致可分为地震堰塞湖、火山堰塞湖、降（融）水堰塞湖三种类型。

火山爆发

暴雨

融雪

因为堰塞湖主要是截断正常流动的河流形成的，上游来水会导致湖水的宽度、深度、贮水量急剧增加。而由砂石、泥土等堆积而成的临时"大坝"结构松散，在不断上升的湖水作用下，可能会突然崩坍，使得积蓄的湖水倾泻而下，以摧枯拉朽、排山倒海之势毁坏经过的农田、电站、房屋、铁路等，甚至会导致大量人员伤亡。

那么，我们怎么才能降低堰塞湖的"杀伤力"呢？

如果是自然溃坝，那事先就要预测溃坝时到底有多少流量，提前做好防范。

如果感觉很危险，在可能的情况下就要人工开挖泄流槽，把堰塞湖"狂野"的瞬时垮塌泄流变为"温顺"的逐步泄流，从而达到降低或消除风险的目的。

这两者都需要对洪水流量有一个相对准确的预估。

2008年，汶川大地震形成了34座堰塞湖，唐家山堰塞湖是其中最危险的一座。当时余震不断，随时都有发生溃决的危险。

有关科学家根据经验预测，溃坝后洪水将以每秒15000立方米的流量到达下游城市绵阳。根据这个预测，275000人被转移到了安全地带。被疏散的人只能临时住在帐篷里，生活极为不便。

1. 考察水势

我的水位太高了。

2. 测量水位

得把大家转移到安全地带。

3. 疏散人员

4. 开挖泄流

我终于可以松一口气了！

5. 泄洪成功

实际上，唐家山堰塞湖溃坝后的洪峰流量仅为每秒6700立方米，远远低于预测流量。

虽然这次转移保证了人民的生命安全，但是因为高估了这座堰塞湖的"杀伤力"，做出了过度的反应，付出了很高的成本。

陈祖煜院士参与了唐家山堰塞湖的风险处置，惊心动魄的抢险过程给他留下刻骨铭心的印象。

他认为，我们了解了自然法则，通过逻辑推理，就可以解释自然现象。如果把随时有溃决风险的堰塞湖比作一条恶龙，就必须摸清这条恶龙的脾气，才能驯服它。

要研发相应的计算程序，需要实测的数据，但每次溃坝都是稍纵即逝，很难有完整的资料。

万幸的是，在处理唐家山堰塞湖的险情时，现场的工人和科研人员冒着生命危险，监控堰塞湖水位的降落过程，测量溃坝河道的宽度、流速和水深，掌握了第一手资料。

小贴士

当时我国还没有自主研发的计算程序，虽然花了很多钱买了很多国外的软件，但预测数据和实际数据差距比较大，效果都不理想。

虽然资料不够丰富，但是总比没有资料好。陈院士立即组织科研团队开展攻关。没想到，陈院士在一次学术访问的途中不慎摔倒，被诊断为高位截瘫。治疗期间，他始终牵挂着堰塞湖溃坝洪水分析这一关键问题。

经历了长达一年的康复和训练后，陈院士奇迹般地康复出院了。他迅速投入到科研工作中，提出了一个用来预测溃坝洪水流量的公式：双曲线冲刷模型。

之前，大家默认堰塞湖中由水流冲刷砂石、泥土等形成的临时"大坝"抵抗冲刷侵蚀的能力是无限的，但是陈院士认为，这个能力存在一定的临界值。

在这个观点的基础上，他将之前的指数模型改为双曲线冲刷模型。

别小看这个改进！实践证明，用双曲线冲刷模型，我们能对溃坝流量做出相对准确的预测，真正溃坝时既不会反应过度，也不会掉以轻心，堰塞湖的"杀伤力"也就大大降低了。

小贴士

2018 年 10 月 10 日，西藏地区发生山体滑坡，堵塞了金沙江干流河道，形成白格堰塞湖。

陈院士和研究团队对溃坝流量做出预测，每秒的流量应该在 5200 立方米到 15000 立方米之间。第二天，发生了自然溃坝，实际是每秒 10000 立方米。

为了让这个研究成果能够发挥更大的作用，陈院士将计算软件免费开放下载，并多次亲自培训，言传身教，让大家都懂得怎么用这个模型来预测洪峰流量。

应急管理部门根据预测数据，再来确定泄流槽的开挖方案，提前引流、泄流，有效控制下泄流量，避免造成灾难性后果。

改造后真是太棒了！

我的用处大着呢！

供水

灌溉

发电

小贴士

堰塞湖虽然危险，但也可以让它为人类服务。如云南省牛栏江红石岩堰塞湖在经过工程师改造后，成为一个综合水利工程，可以供水、灌溉，同时还是世界上第一座堰塞湖水电站，每年发电量高达 8 亿度。

如果我们想继续提高对洪峰流量的预测精度，就需要现场勘察提供更详细的数据。所以，为了获得第一手资料，科学家和技术人员常常需要冒着重重危险，乘坐直升机、水陆两栖冲锋舟奔赴前线开展调查。

同学们，大自然雄浑壮阔，有着狂暴的力量，也会给人类带来巨大的灾难。但当我们掌握了它内在的规律，也能让它为我们所用。你愿意为此而努力吗？

说到无人区，你的眼前是不是立马浮现出狂风呼啸、沙土飞扬、荒无人烟、飞鸟难觅的画面？然而，今天我们要谈论的"无人区"，指的是科学领域那些尚未被攻克的世界性难题，例如数学殿堂里的黎曼猜想、哥德巴赫猜想、霍奇猜想等。

水电领域是否也有这样的难题呢？在全球水利水电竞技场上，中国的水利水电科学家攻克了哪些？中国闯进世界水电"无人区"了吗？

在回答这些问题前，我们先到金沙江上瞧一瞧！

瞧见了吗？金沙江畔耸立着四座世界级巨型梯级水电站和众多小水电站！规模最大的那座叫白鹤滩水电站，它被称为世界水电行业的"珠穆朗玛峰"！

小贴士

金沙江穿行于四川、西藏、云南三省区，流经之处山高谷深，水流落差极大，这使得金沙江成为"水电富矿"，拥有的水能资源占整个长江的40%以上。

白鹤滩水电站

我被称为世界水电行业的"珠穆朗玛峰"！

我现在是世界第十一大水电站！

向家坝水电站

溪洛渡水电站

我有史上最聪明的大坝！

乌东德水电站

我有目前世界上最薄的300米级拱坝！

白鹤滩水电站创下了哪些世界第一？

六项第一

水电机组单机容量世界第一、地下电站洞室群规模世界第一、世界首次全坝使用低热水泥混凝土、300米级高拱坝抗震参数世界第一、圆筒型调压井规模世界第一、无压泄洪洞群规模世界第一，这六个世界第一足以说明白鹤滩水电站是世界级超级水电工程，中国已进入世界水电"无人区"。

我们来见识一下这个当今世界在建技术难度最高的水电工程吧！

白鹤滩水电站坐落在一个深"V"字形峡谷中，它的"双臂"可以架在两侧大山上，以此来维持稳定，因此大坝可以建得又高又薄。

我能将水的压力传递给两岸的山体！

小贴士

白鹤滩水电站大坝是混凝土双曲拱坝，即横向、纵向都是弯曲的。它坝高289米，最薄处只有14米，从空中俯视犹如一个弯曲的、薄薄的鸡蛋壳镶嵌在金沙江河谷中。

左岸地下洞室

不过，这样的地形也给工程师们提出了一个难题，那就是得给引水发电装备找一个"家"。

由于两岸空间有限，工程师们只得在两侧的山体下面挖洞，建造地下洞室。这些洞室不光是用来布设引水发电设备，还有用来通气的、进风的、排水的……纵横交错，犹如地下迷宫一般。

引水发电设备

水流进入

发电机就在里面！

发电

地下厂房

水流排出

发电后的水由我排出！

洪水由我排！

泄洪洞

尾水洞

时速100千米，要跑两个多小时呢。

你知道这些地下洞室有多长吗？

它们总长有 217 千米呢！按照高速公路上的行车速度，需要开两个多小时才能走完。400 米的操场，你得跑 542 圈半！

这些洞室中，规模最大的是山体两侧的地下厂房，单个地下厂房长 438 米，宽 34 米，高 88.7 米，相当于 30 层楼的高度，厂房里可以轻松放下一艘航空母舰。

　　你瞧见地下厂房中一字排列的 8 个圆圆的大家伙了吗？它们也藏着个世界第一呢！这几个圆家伙是负责把水变成电的水轮发电机！每一个都相当于一座法国埃菲尔铁塔的重量。这几个胖墩墩的家伙可是目前世界上水能发电的最强心脏，单机容量超过 100 万千瓦——旋转一圈发的电足够我们普通家庭用上一个月，目前只有我们中国能够制造。

　　这地下厂房不仅规模大，建造难度也是世所罕见的。你们知道建造它最难的地方是哪里吗？

　　难就难在这一片的大山正好处在川滇地震带上，山体岩石是硬、脆、碎的柱状节理玄武岩。在这样的大山里开挖地下洞室，无异于在保证蛋壳和壳膜都不碎裂的情况下在鸡蛋壳上雕刻出繁复的花纹。

　　地下洞室的位置、布置一旦确定，就再不容许有出错的机会，之后的操作就全得靠工程师们的过人技艺了。大家可以想一想，如果你们是工程师，会怎么做呢？

白鹤滩水电站地下厂房开挖采用的是"平面多工序、立体多层次"的交叉作业法。分层分区，互不干扰，平行作业。

这么聪明的好主意是谁想出来的呢？

勇开先河的是我国水利水电工程专家马洪琪院士。1989 年，作为中国第一座自主建设的抽水蓄能电站——广州抽水蓄能电站的总工程师，马院士遇到了类似的难题。

这个工程需要开挖 15 层楼那么高的地下空间，它的主厂房与52 条洞井纵横交错，洞室群结构复杂，开挖难度很大。更加困难的是，开挖工期只有短短的一年零八个月，好多国外的水电专家听后直摇头。

马洪琪院士心里也非常着急。如此短暂的工期，如此巨大的施工量，按层层开挖的常规步骤去干，肯定是完不成的。

他一连好几天没能睡个安稳觉。每天天不亮，马院士就来到现场细细观察。一天，他回想起一部纪录片中蚂蚁在地下筑巢的情形，成千上万的蚂蚁井然有序地在工作，而且互不干扰……

想到这里，他心里一亮，立马着手考察了岩层结构，并召集全体科技人员一起查阅资料。在全面了解后，马院士大胆地提出了"平面多工序、立体多层次"的交叉施工方案。

为了抢工期，主厂房的第4层和第5层同时进行开挖。第5层洞顶板距第4层底部只有3.9米厚，这个薄薄的岩层要承载施工人员、凿岩台车、载重汽车、装载机等数百吨的重压，它能承受得住吗？

这个方案让那些外国咨询专家们睁大了眼睛。由于风险太大，专家们谁也不敢表态。

马院士并不担心。他深知这一方案的提出绝非异想天开，而是建立在严谨的科学依据之上的。最后工程顺利地完工，比原工期提前了近3个月，只用了17个半月。

马院士及其团队提出的地下洞室群施工关键技术，后来广泛应用于一些世界级水电站地下洞室的建设中，如龙滩水电站、小湾水电站、锦屏二级水电站等。而这一次，这项关键技术又被应用于白鹤滩水电站上了。

每一座水电工程的建设都像是在攀登一座新的山峰。在这个过程中，科学家没有固定的绳索，没有安全的锚点，只能依靠自己的智慧和毅力去探索。这时候，谁更善于思考，谁更锲而不舍，就显得尤为重要。

虽然中国在水电领域起步较晚，曾经是条件差的"落后生"，但是在众多水利水电科学家的努力下，我们成功地翻过了一座又一座山峰，攻克了许多世界性的难题，闯进了世界水电"无人区"。

不过，前方仍有许多"无人区"在等待着我们！让我们勇往直前，去领略最高处的风景吧！

我们的祖国是花园，花园里花朵真鲜艳！

还记得语文课上学过的《葡萄沟》吗？"新疆吐鲁番有个地方叫葡萄沟。那里出产水果。五月有桑葚，六月有杏子、无花果，到了七月份，人们最喜爱的葡萄成熟了……"

你知道吗？这么好的地方，却紧挨着大名鼎鼎的火焰山。火焰山夏季时的地表温度最高可达 80 摄氏度以上，这儿几乎寸草不生，满眼都是秃山、戈壁和荒漠。

为什么挨得那么近的两个地方，一处是干热到一片死气沉沉的荒漠，另一处却是风景秀丽、充满欢声笑语和勃勃生机的绿洲呢？

这一奇迹的奥秘就在"坎儿井"，它也被人们称为沙漠绿洲的生命之源，距今已有 2000 多年的历史了。

如果你从火焰山俯瞰茫茫戈壁滩，会发现一条条像超大的蚂蚁洞一样排列有序的"洞穴口"，这些都是古坎儿井的井口。

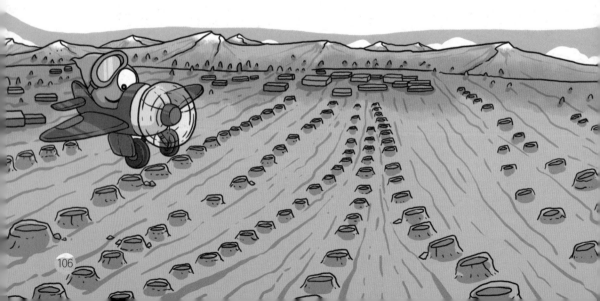

坎儿井分地上和地下两个部分。如果你走到地下，就会发现别有洞天——一条潺潺的小河缓缓地流着，河旁边还有供人们歇息的石墩。

坎儿井的水从哪里来，为什么不建一个地上水库呢？

原来，这些水都来自深层地下。吐鲁番地区的地下水很少，如果直接引到地面，过不了多久就会被蒸发掉。所以，聪明的古人就想到了在地下开渠的办法，就好像给水渠搭了篷子，等靠近农田了，再把水引到地面的小水池。在新疆，曾经有大约 1700 个古坎儿井。

坎儿井主要由竖井、暗渠、明渠组成。其中，坎儿井的主体——暗渠深埋地下，分两部分，前半部分为地下廊道进水段，位于地下水位以下，可以截引地下水；后半部分为地下廊道输水段，在地下水位以上，可以输送地下水。

明渠的末端是涝坝，也就是一个贮存水的池子，涝坝连接农田的小渠，这样就可以把山前的地下水引入平原区的农田中了。

山区

竖井

绿洲

明渠

基岩　　竖井　　　　　暗渠　砂砾石层　　　涝坝（蓄水池）

但是，由于坎儿井的暗渠、竖井常有坍塌、堵塞，地下维护难度很大；再加上当地地下水本来就很少，许多古坎儿井便干涸了，现在能用的只剩下200多个了。

如何让坎儿井这件人类灌溉史上的瑰宝"古为今用"呢？

这是我国水利科学家、中国工程院院士邓铭江经常想的事情。

生在新疆且长在新疆的邓铭江，是土生土长的"疆二代"。大学毕业后，本可以去条件更好的地方发展，他却毅然留在新疆，投身家乡的水利工程科技事业，这一留就是几十年。

有人问他为什么，他说："新疆这片广袤的土地哺育我、培养我、成就了我，我理当图报，坚守这片热土。"

他和当地水利工程科技团队长期奔波在野外，走遍了新疆的山山水水、大漠戈壁。他说："系统研究新疆水资源、水问题、水战略，治水兴边，是我毕生的奋斗目标。"

因为生于斯长于斯，所以他深知家乡父老苦于缺水久矣，他也对坎儿井有着深厚的感情。每每有消息传来，某条坎儿井因年久失修出现坍塌，他总痛心不已。他对自己说："一定要想办法让坎儿井这一人类智慧的结晶焕发出新的青春！"

于是，自 2006 年起，邓铭江就带领团队对坎儿井进行大量的研究，最终改造出了一种新的坎儿井。

新坎儿井吸收了古坎儿井"行水地下""引水自流"的理念，解决了古坎儿井水源单一、井壁不结实、可控性差的弊端，实现了古今结合的技术创新。

新坎儿井是怎么建的呢？

首先要解决的是水源问题，收集一切可以收集的水源。

人们在呈"凹"字形的山前，设置渗渠和渗坑，让河水中的冬闲水和洪水按照人们规定的路线，通过渗渠和渗坑渗到地下，与地下水汇合，积少成多，原来的地下水库中的水量就大

河水

渗渠

渗坑

① 一部分河水自然渗入地下水库。

② 另一部分靠渗渠、渗坑渗入地下水库。

地下水库

辐射井

③ 地下水库的水通过辐射井和虹吸输水管自流进入地面上的出水池。

大增多了。地下水库中的水通过辐射井的汇集，流进地面上的出水池，人们就能利用了。

你也许会问，为什么是呈"凹"字形的山前地区呢？因为这种地形就像在地下筑了一堵水泥墙，类似水库的坝。然后，再装上出水闸门，就可以定时定量将水用管道输送到田间地头或城镇工厂，减少损失。

新坎儿井充分利用了地势落差自然引流，多水高效收集利用，建设工艺、周期和维护都较为简便。

2015 年，第一座新坎儿井在新疆的温宿县建设成功，它的灌溉能力是同等面积古坎儿井的近 10 倍。台兰河坎儿井式地下水库示范工程也在 2016 年正式投入运行。

我们终于喝到水啦! 谢谢!

4 再通过压力输水管与灌区的滴灌管路连接，形成自压的高效滴灌系统.

出水池

虹吸输水管　　压力输水管　　滴灌系统　　灌区

但是，新坎儿井不是处处都可以建造的，需要有较为适宜的地形，还要了解地面以下的水文地质情况，不然可能会破坏水源生态。

当初，为了收集到第一手水文地质资料，邓铭江院士带领团队一次次去野外勘察比较，再回室内计算分析。

2010年8月27日傍晚，勘察队从阿克苏温宿县的台兰河1号勘探孔返程时，遭遇了塔里木盆地的特大沙尘暴。

狂风裹挟着沙尘和碎石，遮天蔽日，空气中的沙尘令人窒息，来时的车辙早已不见了踪影，在茫茫的戈壁中他们迷路了！

怎么办？邓铭江耐心地安抚大家的情绪，让大家停下来待在车里，用饮用水将衣角弄湿，捂住鼻孔呼吸。

等了三个多小时，风停了。邓铭江下车，走在车队前面带路。凭借多年野外工作经验，他终于在深夜将车队带上了大路，安全地返回了住所。

如今，新坎儿井已是温宿县的一张生态名片。看到自来水流到自家田里，农户们的脸上都洋溢着幸福的笑容。

新坎儿井是一种新的水利工程，还有哪些地方可以因地制宜建造新坎儿井呢？还有哪些复杂的水科学问题有待攻关和解决呢？邓铭江团队还在不断探索，你有兴趣一起来挑战吗？

娃哈哈哈娃哈哈，每个人脸上都笑开颜……

同学们，你们见过河狸吗？它们可是动物界的筑坝高手，只用树干、石块和泥巴，就能建造出颇具规模的大坝。

不仅如此，河狸还懂得根据水流的动态变化来维护大坝。当水位上升时，它们会降低大坝的高度，让多余的水流出；当水位下降时，它们会加高或修补大坝，来增强蓄水能力，从而满足河狸家族繁衍生息的需求。

河狸大坝显示了河狸与自然和谐共生的生存智慧，同样，人类也具备这样的智慧。几千年来，人类通过建造大坝来改善生存环境，满足自身发展的需要。

小贴士

河狸筑坝的一个重要原因是为了躲避天敌。河狸的巢穴入口位于水下，如果水位下降，巢穴就有可能暴露。修筑大坝可以拦截水流，使水位保持稳定。

早在5000多年前，古良渚人就用草和淤泥制成的坚实泥块，修建起能够抵挡洪水侵袭的大坝。不过，古代经济技术条件有限，建成的大坝数量并不多，直到第二次工业革命来临，大坝才如雨后春笋般出现。

如今, 在中国四万多条河流上, 遍布着十万多座大坝, 约占全球大坝总数的一半。

大坝家族最常见的类型是哪些?

在这十万多座大坝中, 最常见的类型主要有三种: 土石坝、重力坝和拱坝。它们是大坝家族的 "三巨头"。

土石坝看起来平淡无奇, 建筑材料也是我们生活中常见的黏土、沙子、岩石等, 但它们的数量居大坝家族之冠。全球范围内, 超过85%的大坝都是土石坝。

走哪儿都能遇到我的兄弟!

土石坝

大坝界就属我的身材最好!

拱坝

若论颜值, 拱坝则当仁不让。它能够通过弯曲的 "两翼" 将水的压力传导给河谷两岸的基岩。正因如此, 拱坝可以修得又高又薄。

重力坝

让我来给你安全感!

若论实力, 重力坝则是当之无愧的 "老大"。它由混凝土浇筑而成, 体形巨大, 力气惊人。三峡大坝就是重力坝的杰出代表。

修建大坝需要掌握哪些本领？

修建大坝并非易事，它犹如西天取经般艰难。在这趟"取经"之旅中，工程师们不仅需要准确找到建造大坝的最佳位置，还要在各种复杂问题面前保持清醒的头脑以及足够的耐心，确保每一个环节都得到妥善处理。

被誉为"中国水利泰斗"的张光斗院士就具备这些本领！

1958 年，北京市为了解决水患和用水危机，决定在白河和潮河汇合的地方修建一座大型水库，这就是当时华北地区最大的水库——密云水库。而负责密云水库设计工作的就是张光斗院士。

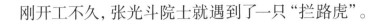

刚开工不久，张光斗院士就遇到了一只"拦路虎"。

这只"拦路虎"是什么呢？

大坝的地基有问题！密云水库的主坝白河大坝的地基上，覆盖着一层深达 44 米的砂卵石层，这种覆盖层的渗透力非常强，如果不采取措施，即使大坝建成也会漏水。

大坝岌岌可危，随时有坍塌的危险。

我们水可是"无孔不入"的哟！

让我们来试试这个新技术吧！

地下连续墙

怎么办呢？张光斗院士一时也想不到好主意，直到他被派到欧洲考察，看到一份介绍"地下连续墙"的广告。这份广告只有两页纸，纸上没有详细的数据和方法，只有一个创意。但是，这个创意瞬间激发了张光斗院士的灵感。

回到国内后,他立即动员团队成员一起研究"地下连续墙"。他们想到一个巧妙的办法,在白河大坝的一侧,向砂卵石层里打入一道长度跟大坝相同的混凝土墙,这相当于给基座穿上一件"防水衣",这样就成功解决了大坝可能漏水的问题。

中国还有一位著名的筑坝高手,他就是"中国水电巨匠"潘家铮院士。曾经的中国第一高坝新安江大坝就出自潘家铮院士之手。

在设计新安江大坝时,潘家铮院士也面临着一个棘手的问题。新安江大坝选定的坝址——铜官峡谷,地质条件极为复杂,这里的岩层曾经历过剧烈的地质构造运动,因此,基岩中存在大量的断层、破

新安江大坝

碎带和裂隙，仿佛一块布满裂缝的半干面团。如果采用常规的方式在此建造大坝，稳定性肯定会受到影响。

在破碎的地基之上能修建大坝吗？

所有人的心中都打上了问号。

潘家铮院士提出了一个非常大胆的方案，将原定的实体重力坝改为宽缝重力坝。也就是通过在坝身内留有空腔，使水的压力能够从空腔中排逸出来，这样既能减少扬压力，使大坝更稳定，又可以减少工程量。

大坝相邻的两个坝块间会形成一条缝。实体重力坝的横缝大约为1厘米宽，而宽缝重力坝则将横缝加宽，并在内部留出了一个空腔。

小贴士

当水渗入建筑物和地基中时，它会对物体产生一个向上的力，就像举重运动员举杠铃一样。这个向上的力就是扬压力。

实体重力坝

横缝

上游水位

实体

下游水位

宽缝重力坝

上游水位

宽缝

下游水位

但当时，国内没有任何关于宽缝重力坝设计的先例，翻阅国外的资料，潘家铮院士也未找到任何有用的启发。但他没有放弃，亲自动手做实验，最终想出这个好办法！这一年，潘家铮院士年仅31岁。

潘院士热衷于研究新理论，尝试新技术，创造新材料，就像一位好奇的探险家，他无比享受发现问题和解决问题的过程。

现在，我们国家的筑坝技术已经达到了世界领先水平，这些成绩离不开像张光斗院士和潘家铮院士这样勇于挑战自我、善于解决问题的水利科学家。

小贴士

你知道吗？除了主持设计新安江大坝，潘家铮院士还主持设计了中国第一座坝顶泄洪的薄拱坝——溪流河拱坝、当时国内第一高坝——龙羊峡大坝、当时世界第三高拱坝——二滩大坝，以及跨越世纪的巨无霸工程——三峡大坝。

总得有人吃第一只螃蟹！

未来，随着社会的发展，人类还将像河狸一样继续建造各种各样的大坝。然而，筑坝并不像搭积木那样简单，除了考虑如何使大坝更加稳固和安全，人类还面临着如何更好地管理和维护这些大坝的复杂问题。

来跟我一样成为一名筑坝大师吧！

同学们，如果你们能够为这些问题提供一些创意，就有可能成为下一位筑坝大师哟！

半个多世纪前，在愚公移山神话的发源地，王屋山所在的河南省济源市，流传着这样一句顺口溜：山沟沟泉水一点点流，提起个挑水心里发愁，十里路上吃水贵如油……

那时候，许多居住在大山深处的人，为了喝一口水，甚至要走几里山路，花上大半天挑水、存水，拼尽全力也很难喝到干净卫生的水。许多老人、儿童因此患病，更有人不得不含泪背井离乡。

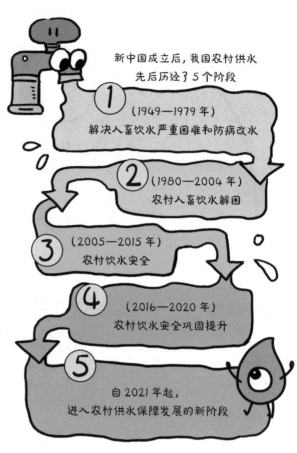

新中国成立后，我国农村供水先后历经了5个阶段

① (1949—1979 年)
解决人畜饮水严重困难和防病改水

② (1980—2004 年)
农村人畜饮水解困

③ (2005—2015 年)
农村饮水安全

④ (2016—2020 年)
农村饮水安全巩固提升

⑤ 自 2021 年起，
进入农村供水保障发展的新阶段

为什么许多农村地区饮水会那么困难呢？水不是到处都有吗？

原因就在于水源——农村饮用水的来源复杂多样，它们有的来自地表的河流、湖泊、山溪，也有的来自地下。在缺水的西北和海岛，还要利用好雨水、海水和再生水。

水是生命之源，为了让村民们脱离这种困境，科学家站了出来，毅然踏上了帮助小小"水精灵"走进农家的艰难之旅。

和城市不同，许多农村地区水源水质存在着先天不足，水中隐藏着各种污染物，要转变成干净卫生的饮用水难度很大。而且，农村又有地域广阔、居住分散、水质各异、工程建设水平差异大等特点，这更加大了科学家处理水质较差水源的难度。

水中隐藏着各种污染物，怎样才能让村民们喝到干净水呢？

科学家借鉴城市水厂的技术，找到了妥善净化地表水源的方法，通过絮凝、沉淀、过滤、消毒等一系列程序，把地表水源改造成了干净卫生的"水精灵"。

地下水源就没那么好对付了，因为许多地下水携带着不同寻常的污染物，必须通过特殊的净化工艺才能彻底解决。由于水源条件受限，有些地方的农村小型供水工程需要以高氟水、苦咸水等劣质地下水为水源。

喝了会生病的高氟水和难以下咽的苦咸水，堪称地下水中的"小恶魔"。如何驯服它们，帮助它们"洗个干净澡"，是解决农村饮水问题的重中之重。

小贴士

在水体中氟化物浓度超过规定限值时可称为高氟水。长期饮用高氟水很容易引起氟斑牙氟骨病等疾病。

当饮用水中硫酸盐或氯化物浓度超过规定限值时，口感会发生变化，我们称之为苦咸水。苦咸水口感苦涩，长期饮用会导致胃肠功能紊乱，免疫力低下。

20 世纪 70 年代, 我国北方 15 个省中, 有 12 个省的居民深受氟中毒的危害。为了生存, 不少乡亲每天不得不饮用氟含量远超标准值的高氟地下水, 牙齿上长满了黄黄的氟斑, 村里的老人骨质疏松。

怀着治水报国、去污还清的理想, 中国水科院供水与排水研究室的科学家们在主任邬晓梅的带领下, 向高氟水发起了挑战。

他们没有蛮干。邬晓梅深知传统的净水工艺无法适应农村复杂的水质, 转而选择研究利用除氟材料净化高氟水。

邬晓梅在攻读博士学位期间就研究过除氟材料的应用, 但只在实验室用过的材料, 放在实际工程应用中, 究竟能不能行?

供水室团队开始了没日没夜的研究、论证、试验、检测。

试验, 失败了, 那就再试。

他们往返于实验室和乡野间，屡败屡试，在试验中发现问题，研究解决方案。经过三个多月的拼搏与奋斗，他们终于研发出了高氟水的克星——新型复合吸附除氟材料，把困扰人们多年的高氟水驯服成了安全的"水精灵"，为无数乡村家庭带去了健康和希望。

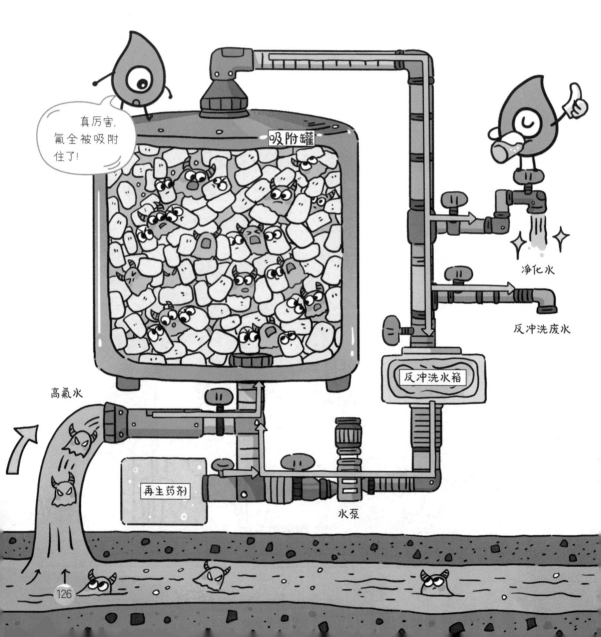

"再也不用担心孩子们的牙长氟斑了，真好！"

村民终于不用担心饮用水源，氟骨病、氟斑牙的患病率大大降低，高氟水这个农村饮水安全的"心病"也得到了彻底地解决。

苦咸水又怎么解决呢？

苦咸水是农村饮水安全脱贫攻坚极为难啃的硬骨头之一。直到2020年，全国仍有将近120万人不得不喝苦咸水。村民们总说，他们喝了多久的苦咸水，就做了多久的甜水梦。

其实，普通的苦咸水处理起来并不难，难的是高硬度的苦咸水。它里面有两种"顽固分子"，分别是镁离子和钙离子，这些成分会在过滤膜表面结厚厚的水垢，让净化效果大打折扣。

前方拥堵……

一次讨论会上，有一位退休的老专家提出，可不可以提前把这些镁钙离子处理掉呢？

这句话一下子点醒了邬晓梅。

把一个想法转化成一项技术不是一件容易的事，没有现成的资料可参考，他们只能自己不断摸索与研究，想办法取得零的突破。

功夫不负有心人。经过了数十种药剂组合实验、上百次的优化，他们终于研制出了一种高效去除钙镁离子的水处理工艺，成功让农村的饮用水"苦尽甘来"。

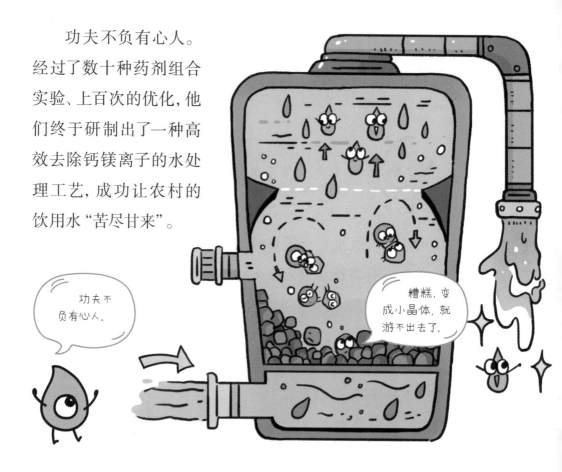

功夫不负有心人。

糟糕，变成小晶体，就游不出去了。

如今，在愚公的故乡，王屋山旁的村民们早已告别了"吃水贵如油"的艰苦生活，足不出户就能喝到甘甜的自来水。

古话说，水利万物、水滴石穿。

无数科学家为了让更多人喝上水、喝好水，不惜奉献自己的青春和汗水，踏上艰辛的奋斗之路。他们就像"水精灵"一样，滋润着世界，也攻克着一个又一个难关。把清澈的"水精灵"送入农村千家万户的同时，他们自己又何尝不像精灵一样闪烁着夺目的光辉呢？

也许有一天，你也有机会成为他们中的一员。

大家一定听说过大禹治水的故事吧。

在上古传说中，中国大地上经常洪水泛滥，庄稼和房屋被淹，百姓流离失所，毒蛇猛兽也趁机作乱，水患给人们带来了无穷的灾难。禹总结前人治水经验，改"堵"为"疏"，把洪水引入疏通过的河道、洼地或湖泊，这才终于平息了水患。

我国地处亚欧大陆东部与太平洋的交界处，属于季风性气候，降雨时空分布不均，夏天多发暴雨，再加上复杂的地形地貌的影响，所以频繁发生洪水灾害。

在大禹治水后的几千年中，中华民族与洪水灾害长期斗争，可以说，中华民族的文明发展史也是一部治水史。

在这一过程中，我们的先民以大无畏的勇气和超凡的智慧，总结了许多治水经验，锻造了坚毅、勇敢的品格，还为我们留下了都江堰、郑国渠、福寿沟和京杭大运河等许多历经千年而不衰的伟大治水工程。

> **小贴士**
>
> 福寿沟是北宋时期赣州古城地下的排水系统，因走向形似篆体的"福""寿"二字而得名。它巧妙地利用地势高差和城内外的水位差控制水流，至今仍是江西省赣州市老城区排水道的主要构成部分。

中华人民共和国成立后，党和国家非常重视洪水灾害治理，开展了大规模水利工程建设，既有荆江分洪蓄洪区、三峡工程等大型防洪工程，又有许多由人民群众组织建设的小型水利工程。

三峡水利枢纽工程

现代水利工程规划设计需要有历史暴雨洪水资料作为分析数据，但是由于战乱和贫困，我国在20世纪50年代以前的暴雨洪水监测资料非常匮乏。

为了解决这一难题，当时的水利科学家开展了艰苦的工作，陈志恺院士就是其中的杰出代表。他深入一线，在沂沭河流域开展了大量水文监测工作。

当时他们的主要交通工具就是两条腿，陈志恺院士每天的行程都在50公里以上，野外宿营更是家常便饭。凭着满腔的工作热情和刻苦的钻研精神，陈志恺院士花了三年时间实现了沂河、沭河流域水文监测站网的布设，做了大量蹲点观测和资料整编分析工作，为沂沭河治理提供了有力的支撑。

小贴士

据史料记载，在1945年后连续的5年里，沂河、沭河流域连遭水患。1949年春夏，两河沿岸共决堤、漫堤150多处，仅沭阳一县就决口17处，受淹农田达101万亩，有灾民38.62万人。

都被研究透了！

咱俩没有秘密了！

陈志恺院士边学习边研究，结合我国各大江河流量和城市降水量的实际数据资料，利用数理统计理论、各种频率曲线线型等知识反复计算，最终提出了适用于我国国情的暴雨洪水频率计算方法，在我国洪水频率分析的线型问题上取得了重要成果。

你知道吗？陈志恺院士当时提出的线型，至今仍然支撑着水利工程规划设计呢！

随着信息技术的普及，人类进入了信息时代，人们应对暴雨洪水的手段也插上了"信息化"的翅膀，实现了信息化预测预报。

张建云院士和他的团队，通过长期的研究，构建了适用于我国主要流域的洪水预报模型，并开发了"全国洪水预报系统"和"防汛抗旱水文气象综合信息系统"等，把暴雨洪水预报过程"搬"进了计算机，可以快速预报、分析和推演洪水过程，从而指挥人们及时、有效避险。

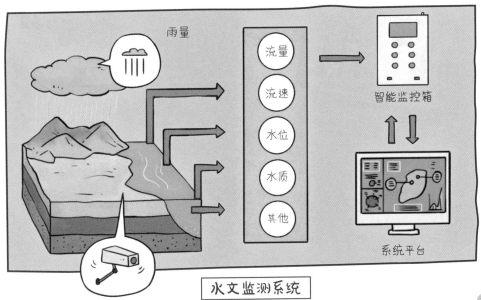

张建云院士出生在江苏省徐州市沛县一个普通的农村家庭。他从小看到徐州非涝即旱，便萌发了学水利、造福家乡的想法。张建云院士后来说："我觉得我做了一个非常正确的选择。"

张建云院士还说："做科研工作，就是要围绕着国家的重大需求，围绕着人民的福祉，面向国际的前沿科学问题来做好科研工作。"20世纪90年代初，张建云在国外学习和工作。1991年发生了淮河、太湖流域特大洪涝灾害之后，建立国家级的信息化防汛抗旱指挥系统被提上了日程。一直想报效祖国的张建云二话不说，回到国内，全身心地投入到工程的设计和建设中。

这项大工程由信息采集、通信、计算网络、预报调度和决策支持等多个系统组成，建设任务非常繁重，而且在国内是开创性的，谁都没有经验。张建云院士经常说："要成为一个有成就的科学家，8小时是远远不够的。在平时的工作中，我们要勤奋、努力、严谨、求实、创新。"

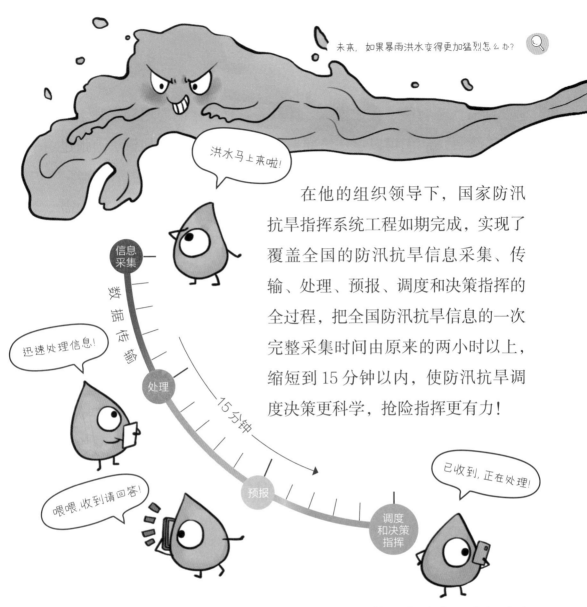

在他的组织领导下，国家防汛抗旱指挥系统工程如期完成，实现了覆盖全国的防汛抗旱信息采集、传输、处理、预报、调度和决策指挥的全过程，把全国防汛抗旱信息的一次完整采集时间由原来的两小时以上，缩短到15分钟以内，使防汛抗旱调度决策更科学，抢险指挥更有力！

同学们，你们发现没有？从大禹治水到信息化治水，我们治水的手段在不断进步，科技含量也在不断提高。

但是，你们知道吗？气候是在不断变化的，因此，暴雨洪水发生的频率、量级和规律也是在不断变化的。

我们已经建立的强大的水利工程体系，可以保障大江大河在防御标准内基本安澜。

随着人工智能、大数据、云计算等新兴技术的应用和智慧水利技术的发展，我们可以更加精准地预报暴雨洪水，更加科学地通过水利工程对水资源进行调度，可以在数字孪生流域场景中应对灾害。这些都使得我们在应对暴雨洪水时更加智慧、更加从容。

相信随着科学技术的进步，我们还将有更加先进的方法应对暴雨洪水灾害，保护人们的安全。

小贴士

数字孪生流域是指通过实景建模、数值仿真等技术手段，模拟现实世界中的江河湖泊，在虚拟世界中建立的数字流域。它可以实时感知、反馈现实流域的变化，从而为管理、控制提供有效的参考。

同学们，看完我们的先民和科学家勇敢、坚韧、科学应对暴雨洪水的故事，你是否愿意化身"大禹传人"，在未来的暴雨洪水灾害应对中，用你的聪明才智来保护大家呢？

信息卷 ▶

人工智能、无人驾驶、元宇宙、量子传输、5G 技术、大数据、芯片、超级计算机……这些搅动风云的热门词汇背后，都有哪些科学原理？中国科学家怎样打破科技封锁的"玻璃房子"，一次次问鼎全球科技高峰？快跟随中国工程院院士孙凝晖遨游信息科技世界，读在当下，赢在未来！

医药卫生卷 ▶

近视会导致失明吗？你能发现身边的"隐形杀手"吗？造福世界的中国小草究竟是什么？是谁让青霉素从天价变成了白菜价？……中国科学院院士高福带你全方位了解医药卫生领域的基础知识、我国的科研成就，以及一位位科学家舍身忘我的感人故事。

化工卷 ▶

什么样的细丝能做"天梯"？什么样的药水能点"石"成"金"？什么样的口罩能防病毒？什么东西能吃能穿还能盖房子？……中国工程院院士金涌带你走进奇妙的化工王国，揭秘不可思议的化工现象，重温那些感人的科学家故事。

农业卷 ▶

"东方魔稻"是什么稻？怎样让米饭更好吃？茄子可以长在树上吗？未来能坐在家里种田吗？……中国工程院院士傅廷栋带你走进农业科学的大门，了解我国农业的重大创新与突破，体会中国科学家的智慧和精神，发现农田里那些令人赞叹的"科学魔法"。

林草卷 ▶

谁是林草界的"小矮人"？植物有"眼睛"吗？植物怎样"生宝宝"？为什么很多树要"系腰带"？果实为什么有酸有甜？……中国科学院院士匡廷云用启发的方式，带你发现植物的 17 个秘密，展示中国的林草科技亮点，讲述其背后的科研故事，给你向阳而生的知识和力量！

铅笔是用铅做的吗？石头也会开花吗？为什么"真金不怕火炼"？粮食的"粮食"是什么？什么金属能入手即化？……中国工程院院士毛景文带你开启矿产世界的"寻宝之旅"，讲述千奇百怪的矿产知识、我国在矿产方面取得的闪亮成就，以及一个个寻矿探宝的传奇故事。

交通运输卷 ▶

港珠澳大桥怎样做到"海底穿针"？高铁怎么做到又快又稳？青藏铁路为什么令世界震惊？假如交通工具开运动会，谁会是冠军？……中国工程院院士邓文中为你架构交通运输知识体系，揭秘中国的路为什么这么牛，讲述"中国速度"背后难忘的故事。

石油、天然气卷 ▶

你知道泡泡糖里有石油吗？石油和天然气的"豪宅"在哪里？能源界的"黄金"是什么？石油会被用完吗？我国从"贫油国"到世界石油石化大国，经历了哪些磨难？……中国科学院院士金之钧带你全面了解石油、天然气领域的相关知识，揭开"能源之王"的神秘面纱。

气象卷 ▶

诸葛亮"借东风"是法术还是科学？能吹伤孙悟空火眼金睛的沙尘暴是什么？人类真的可以呼风唤雨吗？地球以外，哪里的气候适合人类居住？……中国科学院院士王会军带你透过千变万化的气候现象，洞察其背后的科学知识，了解不得不说的科考故事，感受气象科学的魅力。

环境卷 ▶

什么样的土壤里会种出有毒的大米？地球"发烧"了怎么办？怎样把"水泥森林"变成花园城市？绿水青山为什么是金山银山？……中国科学院院士朱永官带你从日常生活出发，探寻地球环境的奥秘，了解中国科学家在解决全球性环境问题方面所作出的巨大贡献。

电力卷 ▶

电从哪里来？什么东西能发电？电怎样"存银行"？……中国工程院院士刘吉臻带你系统性学习电力相关的科学知识，揭秘身边的科学，解锁电力的奥秘，揭示中国电力的发展历史及取得的辉煌成就，了解科学家攻坚克难的故事，学习他们勇于探索的精神。

航天卷 ▶

人造卫星怎样飞上太空？航天员在太空怎么上厕所？从月球上采集的土壤怎样运回地球？从地球去往火星的"班车"，为什么错过就要等两年？……中国工程院院士栾恩杰带你了解航天领域的科学知识，揭开"北斗"指路、"嫦娥"探月、"天问"探火等的神秘面纱。

材料与制造卷 ▶

难闻的汽车尾气可以"变干净"吗？金属也有"记忆"吗？牙齿也可以"打印"吗？五星红旗采用什么材料制作，才能在月球上成功展开？北斗卫星的"翅膀"里藏着什么秘密？……中国工程院院士潘复生带你了解材料与制造相关的科学知识，发现我国在该领域的新成果、新应用，展现有趣、有料的材料世界。

航空卷 ▶

飞机为什么会飞？飞机飞着飞着没油了，怎么办？飞机看得远，是长了千里眼吗？没有飞行员，飞机能飞吗？未来的飞机长啥样？……中国科学院院士房建成和中国工程院院士向锦武共同带你"解锁"中国航空科技成就，为你讲解航空知识科学原理，给你讲述航空领域科学家的故事，陪你走近大国重器、感受中国力量！

建筑卷 ▶

我们的祖先最早只住在山洞里吗？你知道故宫有多牛吗？各地的房子为什么长得不一样？我们能用机器人盖房子吗？火星上能建房子吗？未来的房子会是什么样子呢？……中国工程院院士刘加平带领大家探索各种建筑的秘密，希望你们长大后加入建设美好家园的队伍。